普华文化
PUHUA BOOKS

我们一起解决问题

踮起脚尖去够你想要的生活

The life you want

念夕 著

人民邮电出版社
北京

图书在版编目（CIP）数据

踮起脚尖去够你想要的生活 / 念夕著. -- 北京 : 人民邮电出版社, 2017.10（2018.10重印）
ISBN 978-7-115-46723-2

Ⅰ. ①踮… Ⅱ. ①念… Ⅲ. ①成功心理－青年读物 Ⅳ. ①B848.4-49

中国版本图书馆CIP数据核字(2017)第194559号

内容提要

平凡不代表碌碌无为，成熟不意味着要丢掉初心。谁的青春不迷茫？谁的人生不彷徨？如何遇见更好的自己？有一种成功，就是以自己喜欢的方式去够想要的生活。

《踮起脚尖去够你想要的生活》是微信公众号“方便面姑娘”的运营者念夕基于自己和身边人的真实经历、所感所悟，专门为职场年轻人创作的一本励志读物。这本书分为五大主题：奋斗的意义和价值；如何向自己投资；如何舍去对自己人生无益的事物；如何增强职场核心竞争力；如何控制自己的情绪和人生。本书融合了实用内容和励志元素，直击职场年轻人在工作和生活中可能会遇到的痛点，使他们既能找到解决难题的方法，又能鼓起勇气、收获希望，更好地实现人生价值。

虽然人生困难重重，但人人皆能有所成就。《踮起脚尖去够你想要的生活》适合所有正在逐梦的年轻人，尤其是处于人生迷茫期、事业起步期的读者阅读。

◆ 著　念　夕
责任编辑　陈　宏
执行编辑　田　甜
责任印制　焦志炜

◆人民邮电出版社出版发行　　北京市丰台区成寿寺路 11 号
邮编 100164　　电子邮件 315@ptpress.com.cn
网址 http://www.ptpress.com.cn
大厂聚鑫印刷有限责任公司印刷

◆开本：880×1230　1/32
印张：7　　2017 年 10 月第 1 版
字数：120 千字　　2018 年 10 月河北第11次印刷

定　价：39.00 元

读者服务热线：（010）81055656　印装质量热线：（010）81055316

反盗版热线：（010）81055315

广告经营许可证：京东工商广登字20170147号

前　言

“人生实苦，但请你足够相信”，这是清华大学给甘肃一位残疾考生的回信中的一句话。初次听到，心头一颤：有时候，人生贵在一种态度。

据外婆说，她家那会儿的条件比外公家强，但她还是高兴地嫁给了没什么钱的外公。她是一个很爱干净的人，虽然每天都要在田间劳作，却很少有浑身脏兮兮的时候。每次赶集，外婆总是先把自己收拾得清清爽爽的，然后才出门，像个城里姑娘一样，走在阳光下。正如这本书的书名，踮起脚尖去够你想要的生活，这是一种生活态度，即使低到泥土里，也要心怀信念，拥抱梦想。

用一句话来概括的话，《踮起脚尖去够你想要的生活》讲述了年轻人在工作和生活中可能会遇到的一些痛点以及我所认为的有效、有益的解决方法。

谁的青春不迷茫？谁的人生不彷徨？如何遇见更好的自己？如何拥有更高质量的生活和人生？一万个人心中有一万个哈姆雷特，每个人关于这些问题的见解都不同，我只希望书中或许会有一些独到的见解能令你眼前一亮。

感谢朋友们的鼓励和帮助，没有他们，我很难写完这本书。在现实生活中，我是一个不太喜欢说话的人，但总有很多朋友找我聊天，因为我总是能恰到好处地指出问题的重点。朋友们说，这是一种天赋，但我更愿意将原因归结于心境。看的书多，见的风景多，接触的人多，很多事自然就能看开、看透。

当朋友们听说我要写书的时候，纷纷主动联系我，将自己的真实经历和各种困惑分享给我，是他们给这本书注入了灵魂。

曾经，火灾现场那些消防员逆行的身影感动了无数的人，而人生路上的逆行者也注定会让他人动容，甚至热泪盈眶。我们都出身平凡，起点很低，偶尔也会在迷茫中度过一些时光。但生活不应该注定就是这个样子的，那些你渴望得到的美好，只要你勇敢地去争取，也许有一天真的可以够到。到了那一天，你会发现，让你感到快乐的并不是得到本身，而是这一段拼搏奋斗的历程，而是曾经的那些眼泪变成了现在的微笑。

人的一生平均也就900个月，在看似漫长却又无比短暂的岁月里，你人生的价值绝不仅仅是解决一日三餐。

看着镜中的自己，告诉他/她，你到底想要什么样的生活。去努力，努力到你配得上这种生活。

人生实苦，请你足够努力。有一种活法，两脚不离开地面，踮起脚尖，努力地往上够，上面有我们想要的生活！

目 录

第五章 远方的诗与路 173

第一章

踮起脚尖

去够你想要的生活

不愿付出努力的人，明天的路将泥泞难行

这个世界只在乎你的高度，
而不在乎你上升的过程。

“我在努力变得更好，请你别逃跑。”

只要今天还在继续，明天还有希望，我们的开始就永远不晚。我们永远在奋斗的路上，关键是你必须竭尽全力向前奔跑。

别怕路途遥远，别总抱怨路边的风景不够美丽。一个人的旅途，总是会遇到许多艰难险阻。任何时候都不要放弃，只要你不停地奔跑，一路上的绊脚石其实都是垫高我们人生的基石，或许下一个路口就会迎来转机。

失败或许是因为你总是放纵自己，不思上进；或许是因

为你没有主见，总是不能果断地作出决定；或许是因为你总拿敏感、脆弱的性格作为借口，迟迟没有行动；或者是因为你根本就不想付出努力，只想坐在家里等着天上掉馅饼！

01 ／ 没有积累，何来爆发

你总是怨天尤人，说自己没有机会，可机会都是留给有准备的人的。

为什么机会来到你身边的时候你却抓不住？因为你没有资本和能力抓住！

很多人既想得到某个结果，又给自己找了一堆借口，不愿付出任何行动，一来二去，唯一的结果就是虚度了不少时光。

有些人说："我没有文采，不能出口成章。"但是，没有人天生就能掌握高超的沟通技巧。参加《奇葩说》节目的选手马薇薇最初也不是一下子就能出口成章的，那是她训练了无数个日日夜夜的成果。与其抱怨，不如反省一下自己。

如果你平时经常读书，不断提升自己的文学素养，又怎么会担心无法出口成章呢？

02 ／ 爱抱怨的人，人生是灰暗的

有些人经常说："我没有钱。"这些人不是没有钱，而是

没有赚钱的能力。工作三年之后，应该有自己的小金库了吧？没有，因为钱都已经花掉了，花在了不该花的地方，没有实现价值最大化，所以他们总是入不敷出。他们不懂得理财，所以只能一年又一年地当“月光族”。

有些人经常说：“我没有心情。”他们心情好的时候打游戏，心情不好的时候待在家里无所事事；他们心情好的时候就看偶像剧，心情不好的时候就约朋友吃饭喝酒。

有些人经常说：“我没有时间。”在别人给自己充电的时候，他们在看电视；在别人努力学习时，他们在玩游戏，消磨时间。

在我看来，这些人恐怕会永远没钱、没心情、没时间，因为他们永远在找借口，永远在拒绝改变自己。

03 ／ 再难也要走下去

不要抱怨你有多难，不要抱怨你没钱，不要抱怨你爸不是马云，不要抱怨你工作太多、工资太少，不要抱怨领导不器重你而器重别人……生活中有太多的不如意，而抱怨不能解决任何问题。

你要开始行动，你要开始改变自己。为什么别人能，而你不能？

这个世界只在乎你的高度，而不在乎你上升的过程。境况比你悲惨的人太多了，你在怨天尤人的时候，要多看看那些不如你的人；你心高气傲的时候，要多看看那些比你强的人。

人生的路还长，眼前的这点儿不如意根本不值得你去伤春悲秋。不经历一些坎坷，你怎么能看到前方的好风景呢？

你的努力要配得上你想要的生活

告 别 懒 散 ， 克 服 恐 惧 ，
坚 持 信 念 ， 戒 掉 焦 躁 ， 扩 充 知 识 。

我曾向一位学姐倾诉我对生活的不满，她只对我说了一句话："告别懒散，克服恐惧，坚持信念，戒掉焦躁，扩充知识。"

当时我刚毕业不久，在一家小公司做助理，薪资很低。学姐则一边干着会计的工作，一边考注册会计师。

虽然学姐在高中时学习很努力，但成绩一般。不知是因为考试时没有发挥好，还是学习方法有问题，她高考失利了。后来，她复读了一年，第二次高考时虽然分数有所提升，但还是没能达到本科线，她只好报了一所大专，读了会计专业。

很多人和我一样，觉得不管是读专科还是本科，这已经是学生时代的最后一个阶段，这个阶段的学习只是为了拿到文凭。但是学姐不同，她从进校那天开始起就有自己的计划——参加会计和证券方面的考试，并且一定要升入本科。学姐从大一开始就努力学习，大三升本科考试的时候，命运之神还是和她开了一个玩笑，她没有考上本科。

毕业后，学姐进入一家外企工作，从出纳的岗位做起。因为工作认真负责，专业知识扎实，她在半年后被调到会计岗位。

会计岗位的工资依然不是很多，勉强可以维持学姐的日常开销。工作之余，学姐报了注册会计师考试的培训班，利用晚上和周末的时间学习，现在已经考完了四个科目。

按照学姐的说法，考完注册会计师之后，她还想考一个在职的研究生，提升一下学历。虽然学历不能代表一切，但它确实是一块很好的敲门砖。

学姐的梦想是进入四大会计师事务所工作，她现在所做的一切都是为了这个梦想。虽然很累、很辛苦，但她正在一步一步地靠近自己的梦想。

01 ／ 越努力，越幸运

我知道，学姐走的每一步都不是看起来那么简单。每一次没有得到回报的付出，每一扇轰然关上的机会大门，每一段艰难的职场生涯，学姐都忍受了很多痛苦。但是她依然选择坚持下去，凭借着自己强大的毅力，一步一步地往前走。

有人说，越努力，越幸运。我从心底里愿意相信这句话。你看到的所有光鲜亮丽，背后都有着默默的付出。

学姐问我："你有没有想过，你为什么不喜欢现在的生活？你又为你想要的生活付出过什么？"

面对这个问题，我无言以对。很多人都说过"这不是我想要的生活"这样的话，可他们是否从自己身上找过原因？

你每天一有时间就坐在电脑前玩游戏，或者躺在床上刷淘宝、刷微信；别人运动健身的时候，你连动都懒得动一下。等看到别人瘦下来以后，你才照着镜子大喊："为什么人家这么苗条，而我这么胖？"

你每天拿着手机玩游戏，不愿意做好本职工作；你操着蹩脚的英语去面试，面试通不过，于是只能继续做着手上这份没有加班费却得每天加班的工作，从来没有想过好好学一下英语。你天天想着当老板、做大事、开好车，想让自己受人尊敬，却不肯为此多付出一点点努力。

02 ／ 你的生活品质是由你自己决定的

你不喜欢、不想要眼前的生活，那是因为你所付出的努力只够过上这样的生活而已。

每一次投资失败的背后，都是对市场的判断不准确；每一次跳槽失败的背后，都是对自己的职业生涯规划不清晰；每一次交友不慎的背后，都是对人的认识太肤浅；每一次考试成绩下滑的背后，都是学习方法和学习态度不正确。

很多人在遇到这些问题的时候，总是把原因归咎于星座、运气和别人，却闭口不谈自己可以通过努力改变些什么。他们更愿意相信命运多舛、生不逢时，却不愿意相信天道酬勤。

谁不想含着金汤匙出生，从小就赢在人生的起跑线上呢？生活本身也许是不公平的，因为每个人都有不一样的出身，但在通过努力改变现实这件事上，生活却是绝对公平的。

与其羡慕别人的生活，不如多关注自己，通过自己的努力，让自己从精神和物质两方面都走向富足。

03 ／ 改变自己需要脚踏实地

问问自己，你有多久没认真地读完一本书了？你有多久没放下手机去跑步、游泳或做一些其他的健身运动了？你有多久没思考过自己未来的职业发展了？是在现在的岗位上充实自己，更上一层楼，还是换一个方向、换一个跑道继续努力？

如果你的回答都是“太久了”，那这样的你怎么可能实现心中的梦想呢？

根据你目前的状况，认真思考一下：你最希望过上怎样的生活？是每天朝九晚五，在职场中打拼，还是付出比常人更多的努力，开创自己的一番事业？

如果你已经考虑清楚了，请不要再给自己找借口拖延了，列出计划并付出行动，哪怕从一些小事做起。

恐怕绝大多数人都会向往这样一种生活：睡到自然醒，拉开窗帘是一片美景；做几个小时自己喜欢的工作，和友人喝喝茶、聊聊天，晚间享受一顿丰盛的晚餐。但是，如果前期没有付出巨大的努力，怎么可能过上如此惬意的生活呢？

希望你在人生走过一半再回头看时，即便哭过、痛过、累过，留下的也不只是后悔和叹气，而是一个一个坚实的脚印。

比你有钱、比你好看的人
还比你努力

这 个 世 界 逼 迫 你 拼 搏 、 前 进 ，
也 许 这 正 是 生 活 最 美 好 的 地 方 。

“天无绝人之路，路都是自己走绝的。”

世界上有些人一出生就衔着金汤匙，他们的起点就是和别人不一样，生活有时候就是这样残酷。

01 ／ 不炫富的富人

记得几年前公司来了一位小姑娘，她父母在北京算得上富人，她买一件内衣就花两三千元，随便一个包就值好几万元。

小姑娘转正的时候薪水加了 1000 元，她非常高兴。我

问她："你至于这么高兴吗？你随便吃一顿饭就是一个月的工资。"

她告诉我："1000 元虽然不多，但是自己赚的钱花起来心里特别踏实。"

虽然这姑娘家里条件很好，但是她一向都很低调，从来不炫富，工作起来很努力，从不抱怨加班或熬夜工作。

职场不看家境看能力，几年以后，小姑娘飞速地成长起来了。前几天碰见她的时候，感觉她整个人的气质都上升了一个段位。认识她的人提到她时总会说："你看人家，家里有钱，长得好看，自己还努力，真是不公平啊！"

我宁愿把这种"抱怨"看作是对她的赞赏。其实，并不是所有富人都是纨绔子弟，他们中的很多人工作起来比其他人更努力，过硬的工作能力和综合素质才是他们在职场中如鱼得水的真正原因。而那些一味倚仗优越的家庭条件，只知道挥霍和炫耀，自己没有一技之长的人，才会让人从心底里看不起。

02／充满正能量的"富婆"

我有一位大学同学，她工作很努力。每逢项目忙碌期，加班加点是家常便饭，但她从来不抱怨什么，成功地完成了不少项目。她的家境很好，即便不工作也能过上不错的生活，但她就是这么拼命。

每次她找我唠叨工作上的事，我都半开玩笑地直接扔过去一句话："你赶紧辞职，说走就走吧，赚多少是多啊！"

有一次，她非常严肃地对我说："我觉得不管家里有没有钱，都必须竭尽全力去工作。有钱就更要努力，因为人与人之间的认可是多少钱都买不来的。我平时偶尔迟到，但领导却从来不说什么，为什么老板给我这个特权？因为我平时对工作一丝不苟，只要有重要的事情，不管是周末还是节假日，我都会来单位处理。我坐到了那个位置上，就得让别人心服口服。从来没有人要求我加班，我还年轻，不觉得加班算什么。你对待工作和生活的态度积极向上，别人才会看得起你；你自己奋斗不息，别人才会尊敬你！"

这个很多人眼中的"富婆"居然有这么一套充满正能量的原则，真是醍醐灌顶啊！

03 ／ 认清自己和现实

有人戏称，现在大城市里的年轻人，十个里有三个留过学。这些年轻人所拥有的良好的教育背景和开阔的眼界是他们最大的优势。进入职场后，他们看问题的角度新颖，解决问题的方法灵活，工作效率也高。我在他们身上看到的是：越优秀的人越努力。

醒醒吧少年！在真实的世界里，比你优秀、比你有钱、比你好看的人还比你勤奋、努力，你能不能跟这些真正的榜样学着点儿？

这个世界逼迫你拼搏、前进，也许这正是生活最美好的地方。

你总是这样得过且过，
我将如何带你去踏足远方

有 时 候 ， 我 们 变 得 挑 剔 和 严 苛 ，

并 不 是 因 为 事 儿 多 ，

而 是 因 为 我 们 对 自 己 有 更 高 的 期 望 ，

想 付 出 更 多 的 精 力 ， 想 做 好 每 一 个 细 节 ，

最 终 得 到 更 好 的 结 果 。

01 ／ 不将就的处女座

"'将就'还真不是处女座的习惯。"

有些老板招人的时候竟然对星座很挑剔，说什么"处女座优先"。

我上大学时，对床的女孩就是典型的处女座。我们一起离开寝室时，她会使劲地扣上门锁；等我们走出有十米远的

时候，她总是会跑回去再看一下门是否锁好了，即便快迟到了也必须再回去确认一下。

不知道大家童年时有没有这样的习惯：过马路不踩路上的横线，一定要跨过去；身上被蚊子叮了大包，一定要用手指甲压出一个十字形状。现在想想就觉得好奇怪，可是据说大部分人都有这样的经历。有人说，这就是强迫症的一种表现。

02 ／ 将就的生活是什么样的

不过，在工作中有强迫症也许是一件好事，因为那些有强迫症的人更注意细节，容不得一个标点符号发生错误，例如英语句号“.”和汉语句号“。”。对工作细节挑剔、认真的人往往更负责，也更追求完美。

然而，在现实生活中，我们看到更多的往往是得过且过的人。例如，饭店老板觉得大米口感不好也没关系，成本别太高就行；烧烤店老板觉得食材没那么新鲜也没关系，反正绝大部分客人也吃不出来；服装店老板觉得面料很一般也没关系，只要是与明星同款肯定好卖，“卖家秀”拍得好看就行了。像这样的“差不多先生”太多了，他们的口头禅是“认真你就输了”。

如果每个人对待自己的工作都持有一份更严谨的态度，不将就、不凑合，那我们的工作效率和产出是不是想不提升都难呢？

我们有时候不仅对工作将就，还对理想将就，对自己将就。有些人到了谈婚论嫁的阶段，明明不喜欢对方，只是觉得自己也到了该结婚的年龄，不能太挑剔了，就这样凑合着结了婚过日子。

03 ／ 拒绝得过且过

我认识一个女孩，她年轻的时候死咬着“男朋友一定要长得帅”这个目标，成了别人眼里难伺候的主儿。

十年过去了，她不忘初心，但还是没等到她的那个帅哥。身边的人都觉得她太能作了，都劝她：男人不需要那么好看，重点是要有内涵、有魅力。但是，她不为所动。可能，确实有一部分女人就是对男人的外貌有着高标准、严要求。

有一天，她真的如愿以偿，找到了一个很帅的男朋友，俩人恩爱得不得了。看来，坚持自己的标准终究还是有回报的，李荣浩的歌曲《不将就》中有这样一句歌词：谁能逼我将就！（身为东北人的我第一次听这首歌竟然听成了“谁能比我讲究”。）

其实，有时候我们变得挑剔和苛刻，不是因为事儿多，而是因为我们对自己有更高的期望，想付出更多的精力，想做好每一个细节，最终得到更好的结果。

所以，有时候变得“处女座”一点也未尝不可，毕竟将就的人太多，讲究的人太少，而上天总是会眷顾执着到底的人的。

为什么我会劝你养成这三个习惯

世界上最快而又最慢，最长而又最短，最平凡而又最珍贵，最容易被人忽视而又最令人后悔的，就是时间。

一个人养成好的习惯，一辈子都用不完它的利息；一个人养成一种坏习惯，一辈子都还不清它的债务。

英国作家查·艾霍尔曾说：“有什么样的思想，就有什么样的行为；有什么样的行为，就有什么样的习惯；有什么样的习惯，就有什么样的性格；有什么样的性格，就有什么样的命运。”

什么是习惯呢？习惯是一种重复性的、无意识的日常行为规律，人们往往是通过不断重复某种行为而形成一种习惯的。

据说，一个人每天高达 90% 的行为是由习惯支配的。从这个意义上来说，一个人的习惯就可以代表一个人。

01 ／ 养成早起的习惯

反复的行为形成了习惯，而习惯又反过来塑造了独特的自我。

早起是很多好习惯的催化剂。早起几十分钟能让你的一天开始得更加从容，而且也能让你产生一种一天的时间被拉长的感觉。

大部分人都会觉得早上精力更充沛、头脑更清醒。早上起来阅读一会儿或者写写东西，整理好一天的行程和计划，能让一天的工作和生活更有条理。

更重要的是，你会产生一种很充实的感觉，体会到一种由内而外的快乐。

日本作家小仓广在《做事的常识》一书中提出了要想成功必须培养的三个习惯——开始、坚持和重复。

有这样一个故事。一位旅行者有个习惯，每到一地他都会寻找形状奇特的小石子作为纪念。终于有一次，他在山下一条融雪形成的溪流里发现了一颗硕大的钻石。

好习惯就是让我们最终找到“成功”这颗大钻石的寻宝图，也是一本不断提升我们人生价值的生命银行的存折。

02 ／ 养成主动学习新知识的习惯

习惯既可以养成，也可以打破。只是，打破一个习惯可能只需要短短的一天，而养成一个习惯可能需要坚持几个月甚至几年。

在值得终生坚持的习惯里，学习应该排在第一位。那些杰出的人物无一不是终生学习的。在漫长的人生马拉松中，他们渐渐把停止学习的同辈甩在身后，最终一骑绝尘。

说到学习，就不能不提读书，因为读书是学习的一种非常重要的途径。读书本身不是目的，学会如何运用书中的知识才是读书的目的。读书的效果取决于你能否将书中的知识融入自己的知识体系，当你需要的时候，能否灵活地、举一反三地加以运用。

除了读书，我们还要注重向身边的人学习。三人行必有我师，其他人总有比自己强的地方；多与别人沟通，始终保持谦逊的态度，才能从别人身上学到东西。

成功的路上布满荆棘，尽管每个人都有自己的目标，但并非每个人都能顺利到达终点。有人说，成功的路上其实并不拥挤，因为有太多的人都坚持不下去。

不付出哪有回报，不去试试怎么知道自己不行呢？既然你已经给自己设定了目标，那就养成主动学习新知识的习惯，不断前进吧。

03／养成管理时间的习惯

有人说："世界上最快而又最慢，最长而又最短，最平凡而又最珍贵，最容易被人忽视而又最令人后悔的，就是时间。"

时间就像一张网，你把它投在哪里，收获就在哪里。时间是公平的，你交给它什么，它就还给你什么。时间就像土地，你的行动就像播种，你种什么就收获什么。一天二十四个小时，谁也不多谁也不少，唯一的区别就在于你怎么安排它。

规划好自己的时间，让每一天都过得更加高效，才能让自己朝着向往的方向大步前进，成长为内心最希望成为的自己。

如何高效地利用时间呢？答案是：做你真正感兴趣并且与自己目标一致的事情。

每天早上挑出这一天最重要的三件事，一定要在当天之内做完。无论是工作还是生活，事情永远是干不完的，我们一定要分清事情的轻重缓急。很多时候，急事不等于重要的事，而重要的事往往并不紧急。

时间是你最值得珍惜的资源，正如德鲁克所言："时间是最稀有的资源，丝毫没有弹性，无法调节、无法储存、无法替代。"

习惯的养成无法一蹴而就，你必须付出长期的坚持。但是，只要你养成一个好习惯，这个习惯会日复一日地为你效劳，给你带来源源不绝的回报。

曾经让你感到头疼的挫折
将成就独一无二的你

风 再 冷 ， 不 会 永 远 不 息 ，

雾 再 厚 ， 不 会 一 直 不 散 ，

待 风 息 雾 散 时 ， 明 天 依 旧 阳 光 灿 烂 。

没有欢乐的人生就像是一道没放盐的菜，同样，没有挫折的人生也是寡淡无味的。

对任何一个职场新人来说，遇到各种困惑是很正常的事情。有些时候，你可以通过观察前辈的言行，学到很多书本中没有的东西，虽然他们的经验不是万能的，但至少能给你提供一些参考。

没有黑夜，哪有黎明？没有风雨，哪有彩虹？没有低谷，哪有顶峰？风再冷，不会永远不息，雾再厚，不会一直不散，

待风息雾散时，明天依旧阳光灿烂。这时你才会发现，你所经历的挫折也是一种美丽！

面对挫折时不后退、不畏惧、积极应对，这才是一个成熟的人。

那些让你感到非常头疼的挫折，其实恰恰就是你的软肋或者短板。终有一天，你会发现，正是那些曾经令你头疼不已的挫折，最后成就了独一无二的你。

01 ／ 生活中挫折无处不在

无论工作还是生活，人生总是要经历一个接一个的挫折。更让人沮丧的是，当你成功地躲过一个挫折时，另一个挫折正在不远的地方向你招手。

当下职场中的新人多为独生子女，他们从未体验过“足蒸暑土气，背灼炎天光”的辛劳，也从未经历过“烽火连三月，家书抵万金”的离乱，很多人的抗挫折能力非常差。

有些人面对挫折时临阵脱逃，放弃了原定目标；有些人总把失败的原因归咎于他人，并把因失败引发的愤怒情绪发泄到他人身上。这些都是抗挫折能力差的体现。

每一个人在人生中的每个阶段都会遇到挫折。这个世界不会因为你只是个普通人就让你遇到的挫折少一些，也不会因为你功成名就就让你遇到的挫折少一些。

挫折是成功路上的垫脚石，是每个人都必须亲自走过的。只有学会把挫折带来的压力转化成前进的动力，我们才有可能取得更大的成功。

02 ／ 调整好心情和状态

无数事例告诉我们，人类最出色的成就往往是在逆境中取得的。

所以，与其躲避挫折，不如调整好自己的心态，直面挫折。当我们走错一步的时候，挫折能让我们学会思考，这样我们才能赢得最终的胜利。

这个世界最公平的地方就是，没有谁比谁活得更轻松，都要面对失败和挫折。有的人通过自己的努力应对挫折，在一次又一次解决难题的过程中积累了成功或失败的经验教训，一点一点地变得成熟和理智起来。

试着感谢挫折吧，因为它让我们有了新的起点；试着欣赏挫折吧，因为它让我们收获了丰富多彩的人生！

03 ／ 勇敢地面对挫折并解决难题

有些工作比较枯燥，总会有人告诉你："慢慢熬吧，熬过去就好了。"其实，熬是一种消极、被动的态度，如果你不学着面对挫折和解决难题，你熬到白头也不会获得任何成长。

面对挫折，有人越挫越勇。爱迪生就是一个最好的例子。他在发明灯泡的过程中尝试了超过1600种材料，这是一个多么惊人的数字！在这个数字的背后是他那值得赞叹的勇气，一种不怕挫折、永不言败的勇气。在他身上，越挫越勇之美熠熠生辉。

谁都无法避开所有的挫折，既然如此，我们不如发挥主观能动性，通过加强学习或者请教他人的办法，将那些本可以避免的挫折消灭于无形之中。

人的一生不可能永远都心想事成，有的人在起跑线上就摔倒了，被别人远远地甩在了后面，但他也可能是第一个跑到终点的人，这是为什么？

这是因为，如果我们一开始就遭遇失败，挫折就会转化成我们的动力，我们会更加勇往直前，不被后来的各种挫折吓退；而那些一开始遥遥领先却不曾失败的人，很有可能在后来遭遇挫折时一蹶不振，丧失了前进的动力，无法坚持到最后。

挫折并不可怕，可怕的是你没有战胜它的勇气！

你的小目标是靠激情支撑还是靠能力实现

我们所有的问题都源自正确地做错误的事情。你做错误的事情越有效率，错误就变得越大。
错误地做正确的事情，
远远好过正确地做错误的事情。
即便你错误地做正确的事情，
只要改掉错误的做法，
你就会得到更好的结果。

每个人都有或大或小的奋斗目标，没有目标的人生是难以想象的。

前段时间，大家的朋友圈被“小目标”的说法强势刷屏。

很多人工作几年后，也会制定自己的人生小目标，例如再给自己充个电，在职位上更上一层楼。然而，很多人总是说自己没时间、没精力、没方向，制定的小目标虽然很诱人，却始终实现不了。

可能他们认为，单单靠激情就能实现自己的目标。其实，光靠激情是远远不够的，因为激情只能支撑你走完最初的一段路，但不一定能带你走很远。

要想实现自己的目标和梦想，必须依靠扎扎实实的能力。

01／靠激情很难实现目标

有不少人发现自己对某件事有热情、有兴趣，就毅然放下手头的一切去勇敢地追求。这种追寻内心激情的人，在确定职业目标时通常都会面临一个很大的问题：其所倾心的事未必是其擅长的事，而拥有激情也并不等于能把事情做好。

成功依赖于很多条件，例如天赋、环境、运气等。但一个人如果只凭兴趣和激情行事，他并不一定能走很远，尤其是做自己不擅长的事情时，失败率往往很高。

单纯地追寻内心的激情会让你遭遇很多问题，而且这些问题并不会因为你积极地采取行动就消失了，情况反而会变得更糟。

空有激情但不具备相应的能力，即便全身心投入，也只能把事情做得马马虎虎。如果你没有足够的耐心，如果你不能持续地提升能力，时有时无的少许成就感会被三天两头的失望所抵消，你难免会产生诸多纠结和焦虑情绪。

激情当然是好东西，但光有激情是靠不住的，因为伴随着兴趣和梦想的往往还有迷茫、妥协和放弃。很多时候，激情并不能给你指明方向，你很难具体地描述自己到底想要什么或者想要干什么；而且，人往往是善变的，有些人今天喜欢篮球，明天喜欢足球，虽然总是充满激情，但这份激情的保质期却很短。

因此，完全靠激情和兴趣做事的人，很容易陷入“寻找自己真正热爱或适合自己的工作—尝试后失败—焦虑—自我怀疑”这样的恶性循环。

02 ／ 目标是要靠能力来支撑的

一个人去做自己不擅长的事，失败的概率很高，那么有多少人能在持续的挫败中坚持到底呢？

对目标充满热情的人难免会对未来产生一些幻想，有时候还会想象得过于完美，这种“完美幻想”会把实现目标过程中的挫折和各种不完美放大。如果当事人不能很好地应对这种心理落差，就会陷入低潮，甚至一蹶不振。

每个人都有自己的理想，所谓理想，就是一个人希望自己能够达到的一种状态。没有能力支撑的理想，恐怕只是梦想，有的甚至连梦想都算不上，充其量只是妄想而已。

“有能力把事情做好”是实现理想的不可或缺的条件，也可以说是先决条件之一。如果你能把一件事情做好，就会产生正向反馈，这会驱使你做得越来越好，你也会对自己提出更高的要求，这种高要求就有可能变成一种理想。

很多人一开始往往是出于兴趣去做某件事，不断的实践让他们形成了某种能力，他们慢慢发现自己挺擅长这件事，而且“比别人做得更好”也给他们带来了成就感。这些掌控感和成就感驱使他们不断进取，慢慢将兴趣变成了事业，变成了理想。这样的理想就是有能力支撑的，只要不断努力，是有很大机会实现的。

03 ／ 做正确的事情才是重要的

如果你对一件事很有激情，那很好，但激情并不是你获得成功的保证。要想实现宏大的理想，依靠的只能是你的能力。

如何才能有效地培养一种能力呢?

答案的第一部分是“刻意练习”，让自己成为一名优秀的工匠，把一件事做到尽可能完美，把自己的技艺和能力练到炉火纯青。至于如何练习，前人已经提出了很多理论，例如“练习 1 万个小时”“走出舒适区”等。

但是，光是不断练习还不够，答案的第二部分是“做正确的事情”。

有人说过这样一段话：“我们所有的问题都源自正确地做错误的事情。你做错误的事情越有效率，错误就变得越大。错误地做正确的事情，远远好过正确地做错误的事情。即便你错误地做正确的事情，只要改掉错误的做法，你就会得到更好的结果。”

刻意练习是以正确的方式做事，但如果你选择去做的是一件错误的事情，那么你得到的也只能是错误的结果。这就好比你选了一个错误的方向，你走得越快，你离目标就越远。因此，做正确的事情比刻意练习更加重要。

很多人常常开玩笑说：“梦想还是要有的，万一实现了呢？”我想说的是，这个“万一”并不是从天上掉下来的，而要靠一步一个脚印往前走来实现。

不努力，纵有天赋也只不过是暴殄天物

你必须用尽全力，才能看起来毫不费力，
每一个现在看起来熠熠生辉的天才，
都经历了漫长的、灰暗的打磨期。

“啊！我原来还会做这个啊，而且做得很好。”也许你也有过这样的感受：原来我也是有特长的，不是一无是处！

其实，每个人都可以有所成就，但很不幸，大部分人很容易产生惰性。成功从来都没有捷径可走，要想取得成就，你必须不停地学习，不停地向前走。

你可能足球踢得很好，或者文章写得很棒，尽管你是一位自行车修理工；也许你做饭很好吃，画的画很不错，尽管你是一名医生。

有时候，你不逼自己一下，就永远不知道自己能变得多强大！

只有走出自己的舒适区，去做自己力所不能及的事，做自己认为很难的事，才能取得进步。

即便感到疲惫，但在你超越过去的自己的那一刻，心里其实甜得不行：我又完成了一项本来想要放弃的任务！

你必须用尽全力，才能看起来毫不费力。每一个现在看起来熠熠生辉的天才，都经历了漫长的、灰暗的打磨期。

等你努力去探索之后，也许会发现很多困扰着你的难题已经迎刃而解。不断地凿开疑问，你才能不断刷新自己的上限。

这就好比当你去读一本自己觉得最难读的书的时候，才是你进步最大的时候。

总让自己过得很舒服太没有挑战性了，不爽才是你打怪升级的原动力！

你可能觉得，能把 PPT 做好是一件特别值得骄傲的事；把一个策划文案写好，走路都带风；把一场活动办好，整个人都特别有成就感。

尝试着去做这些事吧，去挑战那些你以前觉得没能力做、做不好的事吧，只有这样，你能做的事才会越来越多。

普通人要努力到什么程度

做任何事都要动脑思考、用心琢磨、做好规划，事后则要不带任何情绪地总结得失、汲取经验。

你是否曾经为了得到某种东西或者完成某件事情而竭尽全力，即便最后失败了也可以拍着胸脯说我真的已经努力过了？

在这个世界上，有很多人都非常努力。他们会用一年、三年、五年或十年的时间坚持做一件事。但不幸的是，有些事情越做到后面就越困难。

现在，人们面临的选择和诱惑越来越多，也更喜欢去尝试新鲜事物。有些事情越做到后面越难，难免会变成他们眼中的鸡肋。

但想要放弃也没那么容易，但凡你想放弃一件坚持了很久的事情，身边总会有一些人出来劝你：“不要啊！都坚持了这么久了，为什么不再坚持一下呢？”

有人说，无论做什么事情都要看天赋，天赋不够，再努力也是白搭。

那么，作为普通人，需要努力到什么程度呢？

01 ／ 对得起他人和自己

很多时候，我们能为成功找出很多理由，例如毅力、运气、正确的选择等。更多的时候，我们也能为失败找出很多理由，而且这些理由往往和成功的理由很相似，例如：他这个人没有毅力；他的运气太差了；他当初作出了错误的选择。

我们往往很擅长为别人总结成功和失败的原因，但面对自己时，我们却不太确信这些原因能在自己身上发挥作用。

深夜了还在加班的你，难免觉得很辛苦，甚至自问：“我这么做到底是为了什么？”你或许也对别人说过“付出就有收获”之类的话，但你自己在努力付出的时候，却仍不免对这些话产生怀疑，有所动摇。

不要怀疑，不要动摇。你只有先比别人付出更多的努力，才能终有一天看起来毫不费力。这些努力能让你得到更多的锤炼，让你获得比别人更多的机会，让你在更短的时间内出类拔萃，绽放光芒。

有些人认为自己天赋不够，再怎么努力也做不好；而那些天赋高的人看起来各方面的能力都很强，即使有些事暂时不擅长，只要努力一下就能做得很好。

就算这是真的，但强调自己和别人天赋不同又能改变什么呢？你唯一能够改变的，就是自己的努力程度。唯有如此，你才可能获得与那些所谓“天赋高”的人一样的成就。

所以，请至少努力到你觉得心安理得的程度。你已经这么努力了，还会有什么事情做不好？即便真是这样，那也没什么，没有什么人是完美的。

02／努力，但要有自己的主见

机会也许确实有一定的随机性，但绝大部分成功的背后都有某种必然性。有主见、积极主动的人，更容易赢得机会、赢得转机。

当你觉得迷茫的时候，你有没有尝试过调整一下方向呢？努力过却失败了，有人会说：“要是我当初再努力尝试一下别的办法就好了。”而有的人只会说：“唉！反正我已经尽力了。”

有主见的人，既不会沉浸在过去成功的光环里，也不会一条道走到黑，他们想得更远，思维更开阔。如果一条道走不通，他们就会换一条路。他们坚持的是目标本身，而不会执着于走哪条路。

说自己已经尽了全力的你不妨想一想，你是不是仅仅在某一条死路上尽力了，而忽略了旁边那条通往目标的路？

也许，你并没有自己想象的那么努力。

03／你真的很努力吗

我们看到别人的成功，都会心生羡慕，希望自己也能获得同样的甚至更大的成功。但大部分人却厌恶辛苦付出的过程。

有的人付出了一点点努力，就不再坚持下去，遭遇失败后却常常对身边的人说："你知道我有多努力吗？"这不过是一剂让自己心里舒服一点的安慰剂。

做任何事要想成功，付出努力都是最基本的前提。有时候，努力很久也未必能得到好的结果，但不努力就一定没有结果。

其实，你要学会用另外一句话来激励自己："大多数人努力程度之低，根本轮不到拼天赋。"

努力的人那么多，其中还有很多有天赋的人，如果你想出头，想取得成绩，唯一的机会就是拼尽全力，不是吗？

做任何事都要动脑思考、用心琢磨、做好规划，事后则要不带任何情绪地总结得失、汲取经验。

永远不要抱怨，也不要不客观地评价自己。要么动手，要么动脑。别总是动不动就说你尽力了，其实绝大部分时候，你都没有。

第二章

最靠谱的投资
就是提升自己

最靠谱的投资就是提升自己，女生更应如此

世 界 上 最 可 怕 的 不 是 有 人 比 你 优 秀 ，
而 是 比 你 优 秀 的 人 还 比 你 努 力 。

我发现一个普遍现象：职场中很多人似乎没有因为工作年限的增长而获得更好的机会，也没有因为工作经验的增加而升职加薪。

有些人一个经验反复使用，看似熟练，其实是已经遇到了瓶颈，没有办法突破自己，就更谈不上有什么提升了。

有的人说："女孩子不用那么拼命，嫁个好老公，人生就已经很完美了，接下来就是生子、顾家和享受生活了。"

我想分享一个朋友的故事。

小刘是我的大学室友，大学时她为了得到交换生的名额

出国，拼命地学习英语。虽然她的英语底子很差，但是她很努力。那段时间，她背单词背到走火入魔的程度，墙上贴的都是写满单词的便笺；随身带着一本英语单词口袋书，从寝室背到教室，从教室背到食堂，从食堂背到图书馆，从图书馆背到寝室，甚至在上厕所的时候嘴里也嘀咕着单词。她背单词背到作为室友的我也提高了不少英语词汇量。

后来，她如愿以偿地获得了交换生的资格。出国后，天天面对高热量食物的诱惑，她没能管住自己的嘴，导致体重一天天增加。她看到自己渐渐隆起的小腹，痛下决心改变饮食结构，加大运动量，终于变回了好身材。

回国之后，她去求职面试的时候，发现自己写的字不太好看，于是开始疯狂练字，还因此报了班。因为平时喜欢看动漫，她对日语也特别感兴趣，于是就去网上找日语教程自学；后来又报了班，考了日语等级证书。

她似乎对什么都感兴趣，做什么都很有干劲，她也因此收获了许多。留学经历让她成长了很多，而且开阔了眼界，她认识了很多外国朋友，口语也变得很棒。她字写得漂亮，公司里有什么需要写字的事情，同事们都会请她帮忙。领导也很看重她，有什么重要的工作都想着她。

因为英语和日语很熟练，她平时还兼职做一些翻译工作。

她把做兼职挣的钱用来旅游，几年下来去了很多国家，过得异常潇洒。

我问她：“你好像什么都会，而且都很厉害，你哪里来的那么多时间？”她说：“我只是懂得对自己喜欢的事情投资而已。人生短暂，青春更短暂，特别是女生，想要过得好而不依靠别人，只能投资自己，这是最不亏本的买卖。”

她是聪明的，正是因为擅长对自己投资，她快速地成长起来了，而且变得很强大。她有着同龄人所没有的阅历和见识，同时依靠自己的能力过上了自己想要的生活。

如果你想变得和她一样，你也应该学会投资自己。

01 ／ 眼光的长远程度与投资回报成正比

有的人减肥，狂吃减肥药却不怎么吃饭，虽然很快就瘦下去了，但只要恢复正常饮食，就很快又胖了起来；如此反反复复，身体迟早会出问题。他们不知道，调整饮食结构和摄入的热量，再加上坚持锻炼，才是最正确的减肥方法。

有的人想学一门外语，买了一堆书回来，每天背单词，考了一堆证书。但是，等真正要用的时候，却张不开嘴，也下不了笔。

有的人想学画画，备好了各种工具，报好了培训班，却从来不提起笔练习，懒得去上课，最后什么都没学会。

不能说他们没有改变自己的激情，他们也想获得一技之长，但他们不能忍受枯燥的练习，总是急功近利。他们希望今天投资明天就有回报，因此总是以失败告终。

投资自己不仅要有热情，更要把这种热情长久地保持下去，把眼光放长远，这样才能获得源源不断的回报。

02 ／ 除了投资金钱，更要投入时间和精力

世界上最可怕的不是有人比你优秀，而是比你优秀的人还比你努力。

有时候，我会在微博上看到这样的情况：博主分享了一些餐馆、酒店或优秀产品的照片，底下的一些评论却充满酸意，说什么“最重要的还是有钱”“有什么值得炫耀的”。

其实，很多推荐美食、酒店和优秀产品的网络达人，在背后做了很多工作，他们不仅要事先做准备、列计划，还要写文案、拍照，对照片做后期处理，最后还要给文章排版。我想，如果仅仅是为了炫耀，大多数人都不会这么折腾自己。他们中的不少人是把分享和推荐好东西当成自己的兴趣乃至小小的事业，他们付出的不仅仅是钱，还有时间和精力。

相比之下，有些人拿着并不高的工资，总是想着自己工

作太辛苦了，隔几天就犒劳一下自己，唱歌、购物、吃东西，钱都乱花出去了，自己却没有什么提升，还总抱怨没有时间学习，这样的人才是真正挥霍金钱和时间的人。

买双鞋，开始天天跑步；每个月买两本书，每天花一个小时阅读和学习。做这些事并不需要投入很多钱，但你却能收获健康和知识。很多人只是不愿付出时间和精力而已。

03／从小到大踏踏实实的

有人说，“我的梦想是成为一名烘焙高手，可是我现在既没有模具和烤箱，也没有老师来教我”。

那就先买模具，再攒钱买个烤箱，网上烘焙教程多的是；先从小蛋糕和饼干开始，我相信你一步一步总能把烘焙学好。但是，如果你说“我还没有把一切都准备好，我没法儿开始”，那我只能说，那个所谓的烘焙高手永远都只会是你的梦想，因为你连一小步都不肯踏出。

种一棵树，最好的时机是十年前，其次是现在。

初入职场，你后悔在学校没有利用课余时间培养一种爱好或者特长；工作了几年，你遗憾年轻的时候没有多读书、多学习；人到中年，你责备自己之前没有在工作中好好努力，以致现在还没有走上管理岗位。

从现在开始，一切都不晚。

从现在开始投资自己，从一些小事做起，不断往前走，你会发现，你距离那些原地踏步的人越来越远。那些天天吃老本、原地踏步的人慢慢地从你的朋友圈里消失了，你看见了越来越多别人不曾见过的美丽风景。

这个时候你会发现，那些曾经让你头疼的人、给你灌输负能量的人、与你一争高下的竞争对手，全都不见了。

如何才能
掌握沟通的艺术

我 们 要 倾 听 自 己 内 心 的 声 音 ， 爱 自 己 ，
解 决 自 己 内 心 的 冲 突 ， 不 苛 求 自 己 和 他 人 ，
懂 得 感 恩 。

生活中，我们无心的言语可能会伤害最亲近的人；职场上，我们随口的玩笑可能会冒犯同事、老板。

相信很多职场中的人都有这种感觉：自己的工作能力很强，工作也很努力，但老板总是不重视自己，不认可自己。很多时候，问题就出在沟通这个环节。

职场上，每个人都想做一个会聊天、懂沟通的人，因为沟通也是一种生产力。有效的沟通不仅能准确地传达信息，使双方达成一致，还能推动各种关系朝着和谐的方向发展。

那么，如何才能掌握沟通的艺术呢？

01 ／ 会沟通不是与生俱来的天赋

不少人认为，有些人天生就具备会说话的天赋，而另一些人则没有。

其实，世界上并不存在什么会说话的天赋。工作中的沟通与日常沟通差别很大，前者强调传递信息的效率，要求信息便于理解、便于传达，在内容上则注重利弊分析、因果关系，在表达方式上则强调精炼。这些都是需要经过后天训练才能具备的素质。

遗憾的是，虽然沟通是一项通用的能力，生活和工作的方方面面都用得到，但学校教育并不注重对沟通能力的培养，很多人都是在工作以后，自己学习沟通技巧并积累相关经验的。

美国沟通专家马歇尔·卢森堡说："我相信，人天生热爱生命，乐于互助。可究竟是什么使我们难以体会到别人心中的爱，以致互相伤害？"原因就在于许多人不懂得沟通的技巧，一张嘴就会引发误解、争吵和隔阂。

职场中，无论职位高低，沟通的双方都要秉持诚恳的态度，互相尊重，正如成熟的麦穗总是弯着腰的。你的态度诚恳，对方就会觉得你把他当成一个很重要的人，对方也才会以诚恳的态度回应你。

不同的人对同一件事的观察角度是不同的；站在不同的角度，看到的东西也就不一样，你必须选择一个便于他人理解的角度来传达你想传达的信息。善于沟通的人都掌握了这种技巧，而这种技巧是任何人通过不断练习都能学会的。

02／非暴力沟通让你更好地与他人交流

有人说，关系是由语言创造出来的。好的关系是由好的语言创造出来的，不好的语言则会给关系带来伤害。

只要留意一下现实生活中人们的说话方式，用心体会一下各种言语给我们的不同感受，就不难发现，有些话的确伤人。

指责、嘲讽、否定、说教以及贸然打断、拒不回应、随意评价给我们带来的情感创伤，有时甚至比肉体伤害更令人痛苦。这些无心或有意的语言暴力会让人与人之间变得冷漠、敌视。

“暴力沟通”有三个特点——指责、批评和评价。“非暴力沟通”的特点则与之相反——不指责、不批评、不评价，只表达感受。表达感受就是除了我们要表达的信息、思想、情绪，还要明确地提出自己的请求，即沟通目标。非暴力沟通的精髓在于对观察、感受、需要和请求四个要素的觉察，而不在于使用什么字眼。我们不再条件反射式地回应，而是去观察和感受，有意识地使用语言。

我们和所有人的关系，归根结底都是我们和自己的关系。只有我们能够爱上自己，才有可能爱上别人。当爱在你的心中流淌时，你自然就能体会到非暴力沟通的真谛。

03 ／ 全面提升自己的沟通技巧

如果沟通只是为了分出是非，那么结果一定是伤感情的；如果沟通没有分出是非，那么就没有效果。

每个人的思维方式、知识体系、个人经历都不一样，别人并不一定能够准确地接收和理解你想要传递的信息。沟通时最常见的误区就是过度地把注意力放在自己的表达上，认为自己只要认真地表达，沟通就算完成了，对方肯定会理解自己想要传递的信息。但是，如果你的沟通能力有限，即便你很认真地去表达，也很难让他人正确地理解你想要传达的想法与情感。

一般来说，提升自己的沟通技巧可从以下四个方面入手。

第一，指出别人的行为对我们的影响，但避免评判和指责；第二，表达自己的感受和情感，不推测别人的意图；第三，在表达自己的需要的同时，保证对方感受到尊重、信任、理解；第四，提出具体、明确的请求（要什么，而不是不要什么），确保是请求而非命令。

我们要倾听自己内心的声音，爱自己，解决自己内心的冲突，不苛求自己和他人，懂得感恩。只要你能做到这些，你就会成为一个强大的人，一个善于沟通的人。

你的时间
都花在哪里了

时 间 能 让 你 增 值 ，

多 花 时 间 在 自 己 身 上 ，

时 间 能 给 你 公 正 的 回 报 。

有这样一种说法：人与人之间的差别在于闲暇时间，而一个人的命运是由晚上 8 点到 10 点这段时间决定的。

对收入不高的职场新人来说，最好的投资就是提升自己，学会更多的技能，从而实现升职加薪的目标。

01 ／ 收入不高的上班族该不该投资理财

投资理财的方式有很多，例如储蓄、债券、股票、基金、房地产等。投资理财是伴随每个人一生的事，从我们初入社会、组建家庭、生儿育女直到退休养老。

对刚刚踏入社会、收入并不高的上班族来说，花了很多时间和精力去做理财，得到的回报却不多，有时候连买一件好一点的大衣都不够。

身边的理财专家会对你说："聚沙成塔，先从小钱开始理财，理总比不理好。"理财的目的是让我们的资产保值、增值，甚至帮助我们实现财务自由。

你需要花费时间和精力掌握投资知识，熟悉股票、债券的分析方法，最终建立自己的投资体系。这个过程会比较漫长，你需要多读书并通过实战获得提升。

投资是一件非常重要的事情。那么，对年轻人来说，最好的投资到底是什么？

02 ／ 最好的投资是花时间使自己升值

俗话说："活到老学到老。"但在现实生活中，大多数年轻人并没有真正理解这句话，更别说做到这一点了。我们投资自己的目的是充实自己，不断地提升自我价值。

我们应该以一个人的生命周期的角度来看待投资。从 20 多岁进入职场，到 60 岁左右退休，一个人能够投资自己的时间也就 40 年左右。在这 40 年中，每个年龄段的投资活动都有其重要性。

一个人的智力在25岁左右达到巅峰状态，这时的阅读速度、理解能力以及其他学习能力都是一生中最强的。如果你此时仍然是单身，那就再好不过了，没有家务事需要分心，你可以一心一意给自己增值。

如果你知道自己的能力依然有很大的提升空间，你对自己的期望也并非止步于现在，那你还有什么理由不去花时间让自己升值呢？

你要把时间从那些无关紧要的事上撤回来，花在自己身上，阅读、学习、观察、思考，你有很多事情可以去做。

你必须多花点时间在自己身上，了解自己、喜欢自己、爱自己。有一天，就算别人不喜欢你，你至少还有你喜欢的自己。

03／投资自己从现在开始

在这个世界上，任何工作都存在不确定性，任何事情都存在风险；如果我们有真本事、真价值，总会有用武之地的。因此，趁年轻多给自己充充电，不断地提升经验和能力吧！

虽然并不是每一个人都有能力取得很高的成就，也并不是每个人都想在事业上有所成就，但不可否认，除非你觉得自己没有什么努力的空间了，或者自己的时间完全不值钱，否则，在年轻的时候投资自己可能是最值得的一笔投资。

投资自己并不是说我们要节制一切消费，一味地省钱，而是要花钱做该做的事。人只有会花钱，才会有挣钱的动力，一味地节约只会让你成为守财奴。有时候，我们要学会花钱买时间，因为时间是最贵的东西，如果我们能够花钱让自己获得更多可以自由支配的时间，而不是把时间花在不那么重要的事情上，那这钱就花得太值了。

投资自己没有年龄的限制。多花点时间在自己身上意味着你要习惯孤独、驾驭孤独。孤独是上天赐予每个人成长的礼物。孤独让思考更深入，让工作更专注，让学习更高效，也让你离梦想更近。

你的生活会变成什么样子，取决于你在投资自己的过程中是否有清晰的目标、可靠的规划，以及是否能够严格地执行。

记住，时间能让你增值，多花时间在自己身上，时间能给你公正的回报。

我为什么
要劝你做一个自律的人

在前行的路上，请记得，
以自律为匕首、为手杖，杀妖斩魔，开山辟路。
即使旅途艰辛，你也一定会到达
属于自己的理想国。

我们身边总有这样的人存在：他们的生活作息极有规律，坚持锻炼身体；三餐定时定量，体重稳定；坚持看书读报，坚持用笔记录自己的成长。

我为什么要劝你做一个自律的人？因为自律的人从小养成的性情、读过的书、耳濡目染的品格，都能让其生活的点滴绽放出非凡的光彩。

自律就像一颗卫星，在飞向太空的前期，必然要经历一段漫长、痛苦或前途未卜的旅程。然而，一旦冲出大气层，摆脱地球引力的束缚，剩下的就是沿着既定的轨道向目的地前进。不经历前期的挣扎和锤炼，你就体会不到那份悠然自得的从容。

做一个自律的人，这样你才能离目标越来越近。

01 ／ 自律能够带给我们自由

自律能够带给我们自由，让我们过上自己想过的生活——规律的生活、良好的经济保障、健康的体魄和中意的人。

当然，通往理想生活的旅途中难免会遇到迷茫、诱惑、牢笼、荆棘和野兽。自律可以帮助我们战胜这些困难，让我们更好地管理时间，管理情绪，平衡生活和工作。我们可以借助时间管理软件进行自我监督，同时充分利用网络，发动亲朋好友来监督自己，并与同道中人相互竞争，让这个过程多一些趣味。

在前行的路上，请记得，以自律为匕首、为手杖，杀妖斩魔，开山辟路。即使旅途艰辛，你也一定会到达属于自己的理想国。

当自律改变了你，你就能吸引别人的目光，你就会变得更加自信和满足。

当然，自律的最终目标不只是为了得到别人的肯定。当你通过自律有效地督促了自己，学会了在生活中积极地汲取养分，努力提升自己，你的一举一动、一笑一颦自然就会得到亲友的关注。

从自身入手，做自己的太阳，你始终坚持的那些东西就会变成你身上的光。

02 ／ 自律帮你挺过人生的艰难时光

聪明好比马鞭，而自律是缰绳。聪明会鞭策你向前，自律则能让你学会掌控。骑马不一定需要马鞭，但一定需要缰绳。

自律可以帮你挺过艰难的时光，也可以帮你克服负面的情感和情绪，让你学会克制和忍耐。

做一个舍得对自己下狠手、任何时刻都不向困难妥协的人。当痛苦压得你左肩承受不住时，就换右肩继续扛。

举个跑步的例子。你花了几个月甚至几年的时间，日复一日地奔跑、流汗，重复摆臂、双脚交替落地这种枯燥无味的动作，最终某一天，你在镜子里发现了一个全新的自己。这时，你才会加倍珍惜自己所有的付出，不仅是体力，还有时间，以及放弃那些让你感到愉悦但对你有害的事情——做“沙发土豆”，毫无节制地吃零食、喝碳酸饮料，晚睡晚起，把周末的时间都用来和朋友聚会等。

实践证明，意志力是可以通过训练获得的。训练意志力可以让人更加自律。通过提高意志力改进生活某个方面的人，通常能在不知不觉间改变生活的其他方面。

自律能让你站在更高的地方接受更猛烈的风暴，自律还能让你获得抵挡风暴的力量。面对苦乐荣辱，自律能让你立定脚跟，不至于心灰意冷，也不至于得意忘形。

03 ／ 自律其实也是一种自珍

自律也是一种自珍，你用珍爱自己的力量塑造出的品德像一件艺术品一样散发出迷人的光芒，即便沉默无语也会被别人注视。

人各有志，选择什么样的生活完全取决于自己。我们可以为自己的不自律找到许多冠冕堂皇的理由，像什么“走自己的路，让别人说去吧”“都这把年纪了，还不能做自己，真可怜”“人总要学会善待自己”……自我放纵还是自律慎独会带来完全不同的人生经历，结局也会大相径庭。

自律可以让我们活出自己的社会价值，让我们的梦想成为现实，最终提高我们人生的品质。

真正的自律应该是对欲望的约束，能够在独立思考的基础上主动放弃过分的、不切实际的、不合理的各种欲望；即使产生短期的偏离，也能及时醒悟过来，回到正途。只要做到了自律和专注，做事的效率就会提高。因为你十分专注，你所获得的成就会比拥有同样能力但精力过于分散的人大很多。

每个人的成功都是自我控制和坚持不懈的结果。“对自己狠一点”就是要始终坚决、坚定，并且全力以赴，将不可能的事变成可能。

终有一天，自律的你会过上自己想要的生活。

做一个靠谱的人

一个靠谱的人，
不散布流言蜚语，不斤斤计较，不随波逐流。
温柔是难得的真情，而靠谱是难得的真心。

靠谱恐怕是我们这个时代被严重低估的品格。靠谱的人最大的优点就是让其他人省心和安心，我们乐于和靠谱的人交往，也愿意把事情托付给他们。

遵守诺言是靠谱的人最明显的特质。承诺有多贵重？古人云：“一诺千金。”

靠谱就是踏实，说到做到，言出即行；靠谱就是可靠，值得相信和托付。

01 ／ 靠谱的人值得信赖

靠谱的人善于体察他人的困难，总是尽可能地为他人排忧解难。

一个靠谱的人，不散布流言蜚语，不斤斤计较，不随波逐流。温柔是难得的真情，而靠谱是难得的真心。

我们可以和聪明人聊天，但做事一定要找靠谱的人。生活中有很多小事可以反映一个人是否愿意为他人着想，例如：交谈时是不是注意收敛，不随便指责别人；吃饭时愿不愿意考虑他人的口味和习惯。

靠谱的人往往不计较一时的得失，不追逐蝇头小利，这样的人是值得信赖的。

02 ／ 靠谱的人值得学习

靠谱的人不一定是最聪明的那些人，但一定是在自己力所能及的范围内诚实守信的人。

诚实守信的价值往往比单纯的聪明要高。聪明但不诚实守信，潜力可达百，但最终只能得其一；诚实守信但没有那么聪明，潜力虽只有十，但可尽得其十。

靠谱的人不会吹嘘自己所谓的丰功伟绩，但他们言行一致，只要是承诺过的事情，他们绝不推脱。

有人说："听过那么多道理，还是过不好这辈子。"这或许就是行动和言语之间的距离。再动人的话语，失去了行动的土壤也无法开花结果。靠谱的人大都具有非凡的行动力，比起说些什么，他们更愿意做些什么。

靠谱的人说话办事有明确的立场，不会持模棱两可的态度，他们有自己的原则和底线。如果你能交到这样的朋友，一定要虚心地向他们学习。

03／靠谱的人值得珍惜

靠谱的人是求之不得的宝贵资源。能力可以慢慢培养，但品德败坏就很难再改变了。

有些朋友看起来很讲义气，不管遇到什么事情，他们总是无条件地站在你身边；还有些朋友非常靠谱，面对任何事情，总是认真思考之后才给出自己的建议，支持正确的事，反对错误的事。

人难免会游走在感性和理性之间，感性的朋友难得，理性的朋友更难得。

人最难战胜的对手永远是自己，面对未知的前方，每一次迈出脚步，你是否希望有人能扶你一把？生活练就了你的毅力和决心，你也会慢慢地发现，没有过不去的坎，也总有一些值得深交的朋友。那些靠谱的朋友，就像是你面对迷雾时可以扶你一把的臂膀，尽管前路依然坎坷，但你心中有了依靠和希望。

你要珍惜身边那些靠谱的朋友，也要努力让自己成为靠谱的人。

学会说“不”，不做不懂拒绝的老好人

老好人实际上是一种不停取悦别人的“认可瘾”，
这个瘾是你以自己的方式在撒网，
让别人围在你的周围，
而你只是在保持一种习惯而已。

哈丽雅·特布莱克的《不懂拒绝的老好人》这本书里有这样一句话：“老好人实际上是有一种不停取悦别人的‘认可瘾’，这个瘾是你以自己的方式在撒网，让别人围在你的周围，而你只是在保持一种习惯而已。”

我们身边都有这样的老好人，他们凡事有求必应，在他们的字典里没有“拒绝”这个词。

但是，无论是在生活中还是在工作中，讨好别人都不应该成为你的目标。要想获得更大的成就，你就得准备好“得罪”一些人。

你要试着去说“不”，学会适当地表达拒绝。

01 ／ 做关键的事，做你认为重要的事情

你要尽量去做那些能提升自己核心竞争力的事情，让自己变成真正重要的人。

我们从小就被家长和老师教育要友善待人。友善待人并没有错，但有些人错误地理解了友善待人的意思，总是维持现状、避免改变现状，担心给周围的人带来不安。这种所谓的“友善待人”常常成为一个人摆脱平庸、获得成功的致命阻碍。

那些成功人士有时之所以表现得不够友善，甚至很霸道、独断专行，是因为他们知道，这世界上还有更重要的事情等着他们去完成，他们无法顾及每一个人的感受。

事实上，如果你需要领导团队、创造新事物，甚至改变这个世界，那么过于关注其他人的感受、一味满足其他人的需求，一定会让你寸步难行。老好人无法作出果断的决策，总是想取悦所有的人，因此必然的结果就是无法取悦于所有的人，也注定不能成为领导者、创新者。

当老好人是一种“病”，治这种病需要时间和勇气，还需要克服一些心理障碍，坚定自己的信念。

02 ／ 不当老好人，也要有策略和方法

从某种意义上说，你能影响的人越多，能够真正理解你的人就越少，因为他们都是从自己的角度、基于自己的认知来看待你，难免会有误解。

你的影响力越大，处在你影响圈边缘的人对你的了解就越少，他们就越容易对你产生误解。

如果你因为拒绝了别人不合理的要求而受到误解，你不用感到委屈，因为拒绝做老好人难免要付出一些代价。

尽管我建议你试着去跟别人说“不”，适当地表达拒绝，但你也要始终保持温和的态度，告诉对方理由，强调自己虽有助人之心，但实在没有时间和精力。

帮不帮别人是你自己的权利，你只能根据自己拥有的时间和精力来选择帮或者不帮、帮谁不帮谁。你不必为此感到内疚，毕竟没有任何一个人可以完全满足其他人的所有需求。

只要你过了心理上的这一关，事情就会变得简单起来。

03 ／ 就算别人生气，也不代表他就是对的

在工作和生活中，那些明明是上网搜索一下、打个电话、自己跑一趟腿就能解决的事情，你就别再替别人劳心费力了，直接拒绝对方的请求，告诉对方解决方案是什么，让他自己去解决吧！

就算别人生气，也不代表他就是对的，也不代表他的要求就是合理的。

但是，在现实生活中，大多数人都不想与别人发生冲突。我们总是希望得到所有人的认可，在一百个夸赞自己的人中跳出来一个批评自己的人，就会令我们焦躁不安。

俗话说："慈不带兵，义不掌财。"老好人也许忠于职守，但无法成为合格的领导者。老好人容易被感情牵着鼻子走，缺乏坚持原则的勇气，总是毫无原则地一味妥协。老好人在关键时刻总会表现出摇摆不定的态度，这会极大地削弱团队士气，那些有锐气、有冲劲的团队成员就会因此失望而选择离开。

没有严格的要求就训练不出优秀的士兵。身为员工，我们都知道获得一份稳定的工作很重要，但是从整个职业生涯的角度来看，获得出众的工作能力更加重要，这才是在职场中安身立命的根本。如果你碰到一位很严苛的领导，从短期

来看你肯定会面临很大的工作压力，但这种压力也逼出了你的强大，让你更快地成长。这些都是老好人型的领导无法带给你的。

老好人讲情面，耳根子软；老好人只顾眼前，看不清未来；老好人把感情和事情混在一起，信念不足，难以做正确的事。毁掉一个人最好的办法不是批评他、对他提出严格的要求，而是纵容他、对他放低标准，所以有时候老好人带来的危害反而更大。

所以，别总害怕拒绝别人，适当的拒绝能让你更有主见。老好人越多，这个世界恐怕就越软弱无力。

如何培养自控力

人 是 趋 利 避 害 的 ， 也 是 目 光 短 浅 的 ，
我 们 要 利 用 这 一 点 ，
把 长 远 的 好 处 以 及 将 来 的 害 处 统 统 放 在 眼 前 ，
放 在 每 一 天 。

相信很多人都有过“三分钟热度”的经历：晨跑只坚持了三天；思维导图只画了几次；自学素描，刚学几节课就半途而废了……这些都是自控力不强的表现。

什么是自控力？自控力就是控制自己的注意力、情绪和欲望的能力。

容易养成的习惯都有一个共同点——付出少，回报多。付出少，就容易做到；回报多，就容易坚持。因此，早晨起来刷牙洗脸、一日三餐、出门带手机等习惯几乎人人都能养成。

人人都能养成的习惯，并不能让你获得什么优势。如果你想变得更加优秀，就得养成一些常人难以养成的习惯。那么，问题就来了：一般人难以养成的那些习惯，你凭什么能够坚持下去？

凯利·麦格尼格尔在《自控力》一书中说："意志力是有限的，要适时放松；自控力和人的血糖水平相关，所以别在饥饿的时候作决定。"

克制欲望需要你付出大量的精力，既然一个人的精力总是有限的，那么我们就无法做到时时克制、事事克制。在不影响长远目标的事情上，我们可以放松一些，而在影响长远目标的事情上，我们就要花费精力去克制自己。

如何创造有利条件，增强自控力，进而养成一般人无法养成的好习惯呢？

01 ╱ 要想养成好习惯，就要赏罚分明

好习惯就是高投入、高回报的习惯，其回报往往是远期回报。很多人因为懒惰、自控力差或者缺乏远见，所以无法养成好习惯。

那么，如何才能让自己愿意付出呢？答案是：引入新的利害关系。

这句话很抽象，这里展开解释一下。引入新的利害关系

就是制定新的赏罚规则，改变以往的规则。原来的利可以通过“赏”来放大它的好处，原来的害也可以通过“罚”来放大它的坏处。

你可以通过“赏”在短期内得到原本在较远的将来才能得到的好处，也可以通过“罚”把不容易看到的坏处放在明处、打在疼处。

例如，坚持早睡早起能给你带来身体健康、作息规律、精神状态更好等长期的好处，但你担心自己缺乏自控力、半途而废。这时，不妨给自己设立一个赏罚制度，坚持一天就给自己一个小小的奖励；坚持三天，就给自己一个更大的奖励……奖励越来越大。惩罚同理。

人是趋利避害的，有时也是目光短浅的，我们要利用这一点，把长远的好处以及将来的害处统统放在眼前，放在每一天。

为自己制定一个明确的奖惩规则，给自己立规矩，相信这个方法能让很多人养成早睡早起的好习惯，以及其他更难养成的好习惯。

02 ／ 制定奖惩规则要坚持七个原则

大量实践证明，制定合理的奖惩规则能有效地帮助人养成一个习惯。

制定奖惩规则时，最好坚持下列七个原则：

第一，奖励最好每天都有，而且要具备一定的诱惑力；

第二，长期的奖励要更大；

第三，惩罚一定要让自己疼，不痛不痒毫无意义；

第四，惩罚自己没问题，但千万不要自残；

第五，惩罚本身最好对自己或他人有益；

第六，奖惩措施和标准要具体、可行；

第七，方法要活用。

03 ／ 远离周围的诱惑，你才能走得更远

生活中有各种各样的诱惑，人们的欲望也随之无限膨胀。一个人能走多远，关键在于他能抵御多少诱惑。

古今中外的伟人之所以能够建功立业，你或许能找到一千个、一万个原因，但其中很关键的一点是，他们主动远离了形形色色的诱惑。

不妨从现在开始，把自己所作的各种决定都记录下来，看看哪些对你是有利的，哪些会消磨你的意志。日积月累，你就能更好地认识自己，作出更好的决定，最终成为更好的自己。

什么样的人才算是真正有教养的人

不是所有受过教育的人都有教养，
教养是由内而外、
在人生修行中积淀的德行。

每个人心中都有一个自己对教养的定义，每个人都希望自己有教养。有教养的人能让别人感到如沐春风，而没有教养的人则会让别人感到厌恶。

不是所有受过教育的人都有教养，教养是由内而外、在人生修行中积淀的德行。

有人说，人有教养的表现就是不鄙视弱者，不仰视强者，尊重别人，更尊重自己。也有人说，有教养的人不乱于心，不困于情，深明大义，深悉小节，善宽以怀，善感以恩。

那么，什么样的人才算是真正有教养的人？

01／有良好的习惯

德语中有一句话："准时是帝王的礼貌。"守时是一种好习惯。

无论是开会还是赴约，有教养的人从不迟到。他们懂得，即便是无意的迟到，对其他准时到场的人来说也是不尊重的表现。

守时是一种素质，快节奏的现代生活要求人们具备守时意识。守时就是遵守承诺，按时到达，没有例外，没有借口，任何时候都要做到。即便因为特殊原因不得不失约，你也应该提前打电话通知对方，向对方表示歉意。这不是一件小事，它代表了你的素质和做人的态度。

此外，有教养的人从不随便打断别人的话，总是在听完对方的发言后再发表自己的看法，即便是不一样甚至相反的看法。他们与别人谈话时，总是望着对方的眼睛，保持注意力集中。与别人说话的同时翻东西、看书或表现得心不在焉，都是不尊重对方的表现。

一个人的气质不仅体现在外表上，也体现在谈吐举止上。有教养的人说话前都会认真考虑，不仅态度委婉，而且诚实守信，说到做到，做不到的事情就不说。

02 ／ 注重社交礼仪

有教养的人通常都语气平和，态度中肯，从不大声喧哗。在待人接物时，他们总是以理服人。扯开嗓子说话不仅无助于实现沟通目的，反而会影响周围的人，甚至招人厌烦。

他们非常注意交谈的技巧，尊重他人的观点和看法。即便不接受别人的看法，他们也从不当面否定对方，而是陈述己见，讲清道理。

他们不像其他人那样时不时表现得很自傲，在与他人相处时从不强调自己特殊的一面，也不故意表现出优越感。

他们总是信守诺言。即使遇到困难也从不食言，总是竭尽全力兑现承诺。

03 ／ 有同理心

有教养的人懂得关怀他人。不论何时何地，他们总是对妇女、儿童和老人表示出关心并给予照顾。

大度是他们的优点。面对别人的质问、指责，他们表现得很从容，不会面红耳赤地与对方争论。面对他人漏洞百出的谎言，他们即便能够看破，也不戳破。

他们尊老爱幼，总是主动排队，不争抢，不抱怨。他们愿意帮助别人，常把“谢谢”和“对不起”挂在嘴边。他们不嘲讽别人的短处，却肯承认自己的弱点。他们不溜须拍马，但懂得欣赏别人。

他们胸襟开阔，不会为一点小事情而和朋友、同事产生争执，甚至断绝来往。

他们富有同情心，在他人遇到不幸时会尽量提供帮助和支持。

真正有教养的人既能看到生活的真相，也能理解表象背后的规律，从而以和谐而又不失高效的方式做有意义的事。

在日常生活中，有教养的人都能做到以下三点：在公共场合轻声细语，举止得体，不旁若无人地大声谈笑，即便是情侣也不表现得过分亲密；礼貌地对待服务人员，不颐指气使、呼来喝去；真诚地感谢他人，不把他人的帮助视作理所应当，即便这确实是他们的分内之事。

这三点看起来很简单，可是很多人都做不到。能做到以上三点的人，肯定会让他人感到交往起来相当舒服、很有教养。

你会深度思考吗？从拒绝思维懒惰开始

多数人为了逃避真正的思考，愿意做任何事情。
深刻是一种态度，
事事不求细节的人，多半优秀不到哪里去。

很多人平时喜欢看书，买了不少书，也看了不少书，但基本上等于白看。

这是因为，他们仅仅记住了书中的几个观点，却没有深刻理解这本书的体系结构。知识不成体系的话，其价值就会大打折扣。

看书时不深入思考、理解、消化，虽然花了不少时间，但也只是比没看过好一点点而已。

01 ／ 深度思考比勤奋更重要

勤奋是必要的，但是光靠勤奋是远远不够的。有时候，思考的深入程度决定了你的人生，比勤奋还重要。

上学的时候，你是不是觉得学习是为别人而学？在学校里，老师逼着学；回到家里，父母逼着学；写不完作业不能睡觉，考试考不好还得挨老师和父母的批评。

长大之后，我们才明白学习是为自己学的，人与人的差距也是在毕业之后才产生的。那些把读书当成自己的事的人，毕业后更懂得自学的人，通常都会获得更大的成就。

细细研究各个领域成绩斐然的人士所作的演讲、所写的文章，无不是对某个领域深入思考的结晶，思考的深度常常令人赞叹。

深度思考是一件很难的事，但也是一件很值得去做的事。

02 ／ 深度思考始终是自己的事

大概很少有人会拒绝“成功源自勤奋”这个说法。

遭遇失败时，人们往往会回忆起制定目标时的雄心勃勃；理想与现实的落差如此之大，心中难免愤愤不平：我投入了这么多时间和精力，却没有获得应有的回报，实在是太不公平了！

事实上，很多人只是在表演勤奋而已，那些看似勤奋的行为实际上不过是“思维懒惰”的外壳。用一句流传甚广的话来概括就是：“这根本是在用战术上的勤奋来掩盖战略上的懒惰。”

不同的行为，价值有高有低，但“思维懒惰”往往会导致价值更低的行为。事实上，一旦你选择了“思维懒惰”，你也就选择了做一名“低品质勤奋者”，你最终也只能获得低价值的结果。

没有什么人可以替你思考，即便可以替你思考一件事，也无法替你思考每一件事，所以，深度思考始终是自己的事。

03 ／ 深度思考从拒绝思维懒惰开始

爱因斯坦说过这样一段话，让我印象尤为深刻：“如果给我 1 个小时解答一个决定我生死的问题，我会花 55 分钟来弄清楚这个问题到底是在问什么。一旦清楚了它到底在问什么，剩下的 5 分钟足够回答这个问题。”

多数人为了逃避真正的思考，愿意做任何事情。深刻是一种态度，事事不求细节的人，多半优秀不到哪里去。

勤奋很重要，怎么强调都不为过，但它仅仅是出色结果的必要非充分条件。如何才能让它变成充分必要条件？答案是拒绝思维懒惰，习惯于深度思考，提升自己的认知水平。

至于如何深度思考，每个人都应该尝试着给出自己的答案。

人们常说要做正确的事而不是正确地做事，这句话就是在强调格局观的重要性。独立和深度思考可以开阔你的眼界，增强你的格局观，让你少一些迷茫。

希望你早点撕掉低品质勤奋的外衣，过上配得上你的努力程度的高品质生活。

第三章

人生
也需“断舍离”

你和什么人相处决定了你将来要走的路

选择大于努力，选择不对，努力白费！
但问题是如何才能作出正确的选择呢？
前提是要有更高的眼界和更大的格局。
你和什么人相处决定了你的眼界和格局。

有句话说得好：“你是谁并不重要，重要的是你和谁在一起！”

不知道你有没有这样的感觉：与资深的前辈聊天，大脑的运转速度都会快一些，因为他们往往会将一个问题往下挖好几层，挖到本质，挖到人性。这就是资深和资浅的差别。你只有和高手在一起，才能更快地成为高手。

单独一根稻草不值什么钱，但把它绑在白菜上就是白菜的价钱，把它绑在大闸蟹上就是大闸蟹的价钱。

01 ／ 不是优秀的人不合群，只是他们的世界里没有你

选择大于努力，选择不对，努力白费！但问题是如何才能作出正确的选择呢？前提是要有更高的眼界和更大的格局。你和什么人相处决定了你的眼界和格局。

人们常说："隔行如隔山。"这句话的意思是每个行业都有自己的门道，外人很难了解。外行的人，看到的是发生的现象；内行的人，看到的是内在的逻辑。因此，内行的人才能早一步发现变化趋势，提前布局，获得宝贵的时间优势。

互联网行业变化极快，在这个行业里，速度和早晚是决定一款产品、一家公司能否成功的最关键因素之一。以内容创业为例，早在2013年，"罗辑思维"等知名微信公众号就开始迅速扩张，抢占市场份额。如今，"罗辑思维"已经获得了数量庞大的粉丝群体，市场估值高达13.2亿元。动作同样不慢的吴晓波频道等自媒体也获得了很好的发展。

现在，如果你再想通过微信公众号获得这样的成功，恐怕就很难了，因为最好的时机已经过去了。如果你不在自媒体这个领域里面，如果你连一个做自媒体的人都不认识，恐怕你就很难看清这样的变化、看到未来的趋势，这个领域的

任何机会都与你毫无关系。

当诸多自媒体人融资扩张、攻城略地的时候，你还在考虑是不是申请一个公众号玩玩，这就是内行和外行的差距，这也是眼界和格局的差距。

有人说：“不是优秀的人不合群，只是他们的世界里没有你。”你和优秀的人在一起吗？

02 ／ 你和谁在一起很重要

现实生活中，你和谁在一起很重要，它甚至能改变你的成长轨迹，决定你的成败。

职场中，有很多人都习惯待在自己的舒适区；与人交往也是一样，也有所谓的舒适区，那就是始终和与自己差不多或者不如自己的人交往。时间久了，你想要往上走一个台阶时，就会发现：自己需要付出极大的努力才能脱离这些人，才能结识比自己强的人，才能有所进步。

不同层次的平台对一个人的帮助和支持肯定是不一样的，你和什么样的人在一起，就会有什么样的人生。和勤奋的人在一起，你就不会懒惰；和积极的人在一起，你就不会消沉；与智者同行，你就会不同凡响；与高人为伍，你就能登上巅峰。

如果一个人在年轻的时候就选择了一个很高的平台，与比他强很多的人在一起，那么这个人的前途将不可限量。

03 ／ 离努力拼搏的人近一些

人是社会动物，只有和别人交往，才能获得情感的交流和身份的认同，才能获取信息，得到满足感和安全感。

有人说，人生有三大幸事：上学时遇到一位好老师，工作时遇到一位好师傅，成家时遇到一位好伴侣。这三件事都与人有关，碰到了对的人，你才会过上对的生活。

有的人不满足于现状，不甘平庸，但是又不知道从哪里开始改变，因为他们天天交往的人见识和眼界都跟他们自己差不多，思维方式也差不多，所以他们看不到更大的世界，也看不到更多的可能性，想找一个榜样也找不到。

最近一些年，“逃离北上广”成了一个热门话题。依我看，对当代的年轻人来说，这是一个伪命题，因为大城市是资本和人才高度聚集的地方，大城市里的年轻人每天都有可能与各个行业的人、各种各样的机会发生碰撞并擦出火花。偶然的一次机会，就可以让一个年轻人彻底地改变自己的生命轨迹。

如果你选择逃离大城市，回到千里之外的故乡小城，这些机会就彻底与你隔绝了。既然你选择了远离机遇，那么机遇垂青于你的概率自然就会大大降低。难道机遇会自己长出翅膀飞向你吗？

当然，留在大城市里也并不意味着你就一定能够获得想象中的成功。但我想，一个愿意离机遇更近一些、离一大群每天努力拼搏的人更近一些的年轻人，他最终获得成功的概率还是要高很多的。

不断地修炼，接近你感兴趣的领域内的牛人和高手，认识他们、了解他们，与他们交流，甚至成为他们的朋友，我相信这样的你一定会成为更优秀的人。

你身边若有这样的人，请一定要远离

承认自己不如别人是一种可贵的勇气，

而虚伪不过是恶对善的一种拙劣的致敬。

有些人明明跟你说过很讨厌某人，看不惯那人的行事作风，恨不得永远不跟他有接触，转过身却还是跟他玩得很高兴，就好像什么事都没发生过一样。

有时候，我们难免会碰到一些很恶毒的人，但他们并不掩饰自己，所以倒也算是坦荡，不虚伪。这样的人，你躲远点就是了。

但是，还有一些人，他们看起来并不恶毒，因为他们掩饰得很好，所以你发现不了他们的真面目；你很难辨别他们，也就很难躲开他们。

这些人痛骂有钱人为富不仁，但他们自己也从来没有参与过任何公益和慈善活动；这些人鄙视那些追逐多金男士的姑娘，说她们三观不正，嫌贫爱富，但他们自己也拼命去结交比自己有钱的人。

这样的人给这个世界带来的只有虚伪，离他们远一点吧！

01 ／ 虚伪是恶对善的一种拙劣的致敬

有人说“虚伪是恶对善的一种致敬”，因为虚伪的人至少承认某一原则是存在的，只不过自己无法真正做到，所以只能用虚伪这种手段把自己伪装成遵守原则的人，求得一种自欺欺人的安心。

看到别人获得成功时，虚伪的人会说：“我还是喜欢淡泊名利的生活。”有人获得名利之后，能够主动放弃它们，选择去过简单朴素的生活，这才是真正的淡泊名利。而虚伪的人说自己向往淡泊名利的生活，只不过是为自己还没能获得令人羡慕的名利找个好听的借口罢了。真正淡泊名利的人早已不为名利所动，根本无须以“淡泊名利”来标榜自己。

当别人抓住机会获得成功时，虚伪的人还会说：“投机取巧，不会长久。”想想看，他们到底是对自己的无能感到愤怒，还是羡慕别人能抓住自己抓不住的机会？

承认自己不如别人是一种可贵的勇气，而虚伪不过是恶对善的一种拙劣的致敬。

02 ／ 真小人强过伪君子

真小人、伪君子本质上都是小人。但有很多人都认为，真小人强过伪君子。

真小人完全不受道德的约束，肆意作恶；伪君子在表面上认同道德，但只不过是为了维护自身的形象，背地里照样作恶。

对于真小人，因为大家都知道他们是小人，所以可以事先预防，有意识地避开他们，所以他们的危害程度有时候反而没有那么高。

对于伪君子，因为大家不知道他是小人，而且装成君子本身就需要相当高的情商和智商，他们作恶的时候隐蔽性很强，往往难以防范，所以他们的危害程度有时候比真小人还高。

同为小人，为什么伪君子更遭人唾弃？因为他们太贪心了，不仅想通过作恶的手段来获得现实的利益，还想维护虚假的君子形象，获得好名声。

在很多关于小人的故事里，伪君子比真小人更让人厌恶。

因为人们知道，从长远的角度来说，伪君子造成的实际危害更大。

03 ／ 不要自欺欺人

每个人都有自尊，每个人也都有自己的原则。别人嘴里的你不是真实的你，别人眼里的你也不是真实的你。

一样的眼睛，不一样的看法；一样的嘴巴，不一样的说法；一样的心，不一样的想法；一样的人们，不一样的活法！

当你能够面对真实的自己时，从某种意义上说，你已经获得了成功，起码你不必再自欺欺人。自欺欺人的人往往心里很纠结，嘴上说不屑于这不屑于那，心里却又嫉妒得要命，时间一长，难免产生心理扭曲。

我们恨敌人，更恨叛徒；我们恨无良商家，更恨向我们兜售假货的朋友；我们受不了外人的诬蔑，更受不了家人的误解；我们痛恨不公平，更痛恨那些制造了不公平却辩解说“其实这样才公平”的人；我们痛恨剥夺我们权利的人，更痛恨剥夺了我们权利之后还指责我们“没能力”的人。

我们痛恨伤害自己的人，但我们更痛恨那些以亲友的身份，以“为了你好”的名义来伤害自己的人。在这些自欺欺人的人眼里，别人的幸福和成功背后总会有不可言说的龌龊，自己才代表着的所谓的正义和高尚。到底是因为自己得不到所以看不惯，还是因为正义感驱使自己挺身而出，真正的答案在他们自己心里。

真诚待人，做真实的自己就好。

沉默有时是你
最好的表达方式

在失败中沉默，

可以使你在反思之后变得更加理智和坚强。

在成功时沉默，

可以使你保持清醒的头脑，

确立新的起点和更高的目标。

01 ／ 内心宁静的人最有力量

沉默是一种含蓄的语言，是一种高级的表达方式。

当一个人的内心很丰富、很满足时，表达得反而少了。当一个人变得更强大时，连话都懒得说了。

内心宁静的人才是有力量的人。神静而心和，心和而形全；神躁则心荡，心荡则形伤。一个人心浮气躁，方寸大乱，必然导致举止失常、进退失据，从而失去判断力。反之，心静神定，泰然自若，便听不到喧嚣和嘈杂，为人处世就不会失于轻率。

02 ╱ 沉默是一种气质、风度和品格

沉默是一种气质，也是一种风度，更是一种品格。

蛾在沉默了一冬之后，终于把振翅的梦想变成了现实；海在沉默了一时之后，终于把惊涛骇浪推出了地平线。

杨澜曾经采访过林毅夫。杨澜问他，今天的成就是否达到了父亲对他的期望。让杨澜没想到的是，一直侃侃而谈的林毅夫突然沉默了，之后无法控制地泣不成声。原来，当年林毅夫忙于事业，父亲临终之时，他却不在父亲的身边。

为了节目效果，杨澜本可以继续追问林毅夫的感受，但杨澜选择了沉默。她的沉默是对的，既是对嘉宾的尊重，也是自身风度的一种体现。情商高的人从来不会置他人于尴尬的境地。

03 ╱ 沉默有时是无比温暖的存在

有人说过这样一段话："喜欢一类人，他们不会当面问你

可能会让你觉得尴尬或不快的任何问题，甚至从来不八卦地问东问西，他们会安静地倾听，温柔或风趣地回应你。这类人有礼貌、情商高，从来不会置人于尴尬的境地。不管作为恋人或者朋友，都是无比温暖的存在。”

有些事情不方便出声的时候，沉默就是最好的表达方式。恰到好处的沉默不仅不会令人尴尬，反而体现了你的人格魅力。

沉默是待人处世的一种艺术，是一个人走向成熟的体现，也是一种内在的力量。在失败中沉默，可以使你在反思之后变得更加理智和坚强；在成功时沉默，可以使你保持清醒的头脑，确立新的起点和更高的目标。

有时，沉默才是最好的表达方式。

我实在没办法再和你走下去了

三十岁以前，大多数人很难取得大的成就，
但是挡不住你积累能力和经验。
但三十岁以后还没有起色，
那就不能怪别人了，只能怪自己。

01／无法继续走下去的情侣

一天，我和朋友在一家餐厅见面，听见旁边那桌的情侣正在争吵。

男人说："你怎么又要分手呢？你知道我有多爱你吗？"

女人说："我这么多年一直等着你成长起来，变得更优秀。但是，我现在马上就要三十岁了，我真是等不起了，咱俩结束吧！”

这明显是一段女高男低的关系，我不禁为这个男人感到忧伤。

男人沉默了半天，说：“那你去找有钱的人吧，我伺候不起了！”

女人像是对他说，又像是在对旁边看热闹的人解释：“我是那种爱钱的人吗？我要是那么看重物质，当初为什么要跟你好？追我的人那么多，我对你也一直抱有很高的期望，可是我真的在你身上看不到未来，咱俩没法走下去了。”

02／也许问题就出在你自己身上

这个世界永远不可能变得绝对公平。每个人的出身不一样，起点也就不一样，这种差别是没有办法彻底消除的。

也许你出生在一个普通的家庭，但只要你肯努力，假以时日，你也能靠自己的双手过上衣食无忧的生活。这并不是多难的事情，大部分人只要努力工作，就可以实现。

毕业之后的七八年时间，已经足够一个男孩成长为男人，站稳脚跟，甚至小有成就了。也许你认为这个要求有点高，也许你会举出很多大器晚成的例子，但对一个付出了大好青春年华、对交往对象寄予了很多期望的女孩来说，这样的要求或许也是可以理解的。

有的人虽然出生于困难的家庭，但天天想着改变现状，努力寻找机会，踏踏实实走每一步。我相信，这样的人一定会在更短的时间内改变自己的命运。

三十岁以前，大多数人很难取得大的成就，但是挡不住你积累能力和经验。但三十岁以后还没有起色，那就不能怪别人了，只能怪自己。

那些总是把失败的原因怪罪到自己的出身和家庭头上的人，恐怕永远也认识不到，自己的懦弱和无能才是这一切的根源。

03 ／ 不要让爱你的人忧伤

我身边有不少女孩子的男朋友并不富裕，她们认为，真爱是不能被物质所束缚的，同甘共苦的感情才能历久弥新；只要有爱情，就可以携手创造出更美好的明天。当初，他们如胶似漆。不过，现在确实没有几对仍然在一起了。我们无法否认，生活是现实的，女孩们终究要作出自己的选择。

穷一时并不可怕，刚毕业的时候，大家都没有什么积累，这个阶段吃的苦反而会成为将来美好的回忆。可怕的是就这样认命，不努力去改变现状，总是一肚子抱怨，却不愿意付出行动，好几年过去了，却没有任何起色。

有些男人总在朋友圈里说“莫欺少年穷”，我是打心眼里讨厌这些人的，因为我根本没看到他们利用业余时间去充实自己；他们说这些话，不过是给自己找一个借口罢了。

对一个女孩来说，因为要和眼前的这个男人生活一辈子，他是一个怎样的人决定了自己后半生的幸福与否，所以，在他人品好且爱自己的基础上，必须对这个男人有高标准、严要求，不求上进显然是一个无法容忍的缺点！

一个人贫穷还是富裕，只是一个时点上的状态，并不能代表什么。但一个人是否上进，是否有改变命运的决心和行动，却只能体现在一个过程之中，这个过程可以如实地反映一个人的本质。仅仅追求一个时点上的状态的女孩无疑是肤浅的，但更多的女孩还是通过一个过程来判断一个男人是不是靠得住。其实，很多姑娘确实给了那些男人机会，但他们没有抓住，而且从来没有珍惜过。

所以，当她们说出“对不起，我不能和你走下去了”的时候，我为那些男人感到忧伤，更为这些女孩感到忧伤。

曾经最好的朋友，为什么现在不联系了

有时候，
我们对陌生人彬彬有礼，
进退有度；
却对恋人锱铢必较，
歇斯底里。

多少人曾经一起学习、一起吃饭、一起憧憬未来。多少人曾和某人建立了深厚的友谊，但到最后却都彼此不联系了。

也许你们现在还是QQ好友或微信好友，也许你们的微博还是互粉的状态，甚至彼此存着对方的手机号码，但就是不再联系了。

甚至，你一直把对方当作最好的朋友，却突然发现在QQ

上找不到人了，微信提示消息发送失败，或者手机号码拨过去是空号。

曾经要好的朋友，就这样淡出了你的生活。

01 ／ 曾经的友谊为什么会褪色

曾经听到过这样一句话：“人生就像是一列火车，沿途会经过很多站。有些人会陪你走完全程，有些人就上来陪你几站，有些人只是在远处看看却不会上车。”

其实，很多人最珍贵的一段友谊，是在他们自己的疏忽下，在岁月的侵袭中，不可阻挡地渐渐变淡，最终消逝在生命中。

朋友之间变得生疏之后，开始有了沉默的时候；然后，沉默的时候越来越多，话题越来越少；最终，硬想出来的话题也不能让他们有更多的对话。

有人说，真正的友谊可以经受岁月的考验。有人对此深信不疑，有人则认为这或许只是岁月许诺给我们的一个美丽的谎言。

我曾经天真地认为，朋友之间变得疏远一定是因为双方没能努力地维系感情。现在的我则清醒地认识到，之所以发生这样的情况，一定是因为有更重要的人和事排在了前面，慢慢地，你在对方心里排在了后面，你也慢慢把对方排在了后面。

02 ／ 站在不远不近的地方去欣赏对方

我很喜欢这样一句话："珍惜眼前人。"还有一句话用来比喻友谊非常贴切："站在不远不近的地方去欣赏对方。"

友谊很可贵，但它有时候也难以把握，可遇而不可求。好友之间相处时，有着精神上的默契，他们可以谈论爱情、理想和未来，可以畅谈人生的所有问题。

好朋友之间，不必费心猜测为什么对方最后选择给自己打电话求助或者邀请自己参加重要的聚会，也不用在意谁送给对方的礼物比较贵重。相知多年的好友之间，有的是默契，有的是尽在不言中的平衡。

在很多人心中，事业和家庭往往排在友谊之前。然而，一旦事业受挫或者婚姻破裂，仍然愿意留在我们身边的，除了至亲，恐怕就剩下好友了。在电影《美好人生》中，天使曾对主人公说："只要还有朋友，人生就没有失败。"

03 ／ 越珍贵的友情越需要呵护

有时候，我们对陌生人彬彬有礼，进退有度；却对恋人锱铢必较，歇斯底里。

这世间，越美好的事物越脆弱，越需要我们精心呵护，爱情和友情都是如此。

呵护友情需要双方平等地付出。我们常犯的错误是将友情当成理所当然的东西，心安理得地享受，却忘记了自己也需要持续地付出。更有甚者，有人习惯于朋友单方面的付出，觉得本该如此。

每个人对朋友的理解各不相同，但每个人心中都为“真正的朋友”留有一席之地。真正的朋友不会随着外界的改变而改变，他们明知你有这样那样的缺点，却不会因此而离开你。

真正的友谊是相互的，这种相互体现在情感当中，而非具体的行动上。朋友之间的给予和获得无法记在账本上算出数量和得失。

别再埋怨那些将你遗忘的朋友了，你可以说你们的友谊没能经受住时间的考验，但也许真相是这份友谊在你们心中真的没有那么重要。你所怀念的友谊仅仅存在于你们曾经共度的那段时光，现在的你们要想维系这段友情，就要携手走过更多的岁月。毕竟，友情如同爱情一样，需要双方的维护与经营。

用心对待朋友，以他们希望的那个样子。

战胜拖延，你会活得更精彩

改变消极的思维方式，缓解情绪，
采取积极、主动的行为，
这就是“认知、情绪和行为”三管齐下
战胜拖延症的方法。

我们经常会听到一些人抱怨别人做事拖拉，但很少有人评判自己是否经常拖延，这是因为我们总把目光盯在别人身上，却很少观察自己的行为。

当然，我并不是要大家给自己贴上“拖延”的标签，我只是想说，我们要时刻观察自己是否有拖延的心理和行为。

有人戏称，拖延和缺钱一样，都是生活中比较糟糕的状态。拖延成了一个大众话题，茶余饭后，大家都乐于拿它自我吐槽一番，这让拖延在某种程度上成了一种融入特定群体的标签。

相信大多数人都有过类似的经历：想做的事情早早制订好计划，但就是迟迟没开始；明明要做的工作很多，但是在截止日期来临之前就是不想做，直到最后一天才急急忙忙地赶工完成；就算有很重要的考试，也总是拖到考试前几天才开始复习。

这些其实都是拖延症的表现，尽管看起来都是一些不起眼的小事，但日积月累下来，也会极大地影响我们的成长速度和工作效率。

01 ╱ 什么是拖延症

拖延就是把重要的和有时限的事情拖到无法再拖时才去做的不良习惯。

在日常生活和工作中，你难免会对一些必须要做的事感到厌烦，你的潜意识里会有一种转移注意力的冲动，也就是做一些无关紧要但能使自己感到快乐的事情，例如打游戏。拖延不是简单的逃避行为，而是包含了一系列相关联的理解和想法（认知）、情绪和感受（情绪）以及行动（行为）。

你正在看书，看到地板有些脏，你放下书开始清理地板；

你正在写作，手机响了，就拿起手机看看，还聊了几句，结果聊完了思路全无，写不下去了；你计划给家人打电话，心想晚一会儿再打，结果一天都过去了也没打成；你本来计划在周末完成一项工作，但因为被一本书吸引了注意力，你就把工作搁下了。这些都是常见的拖延行为。

当然，并不是所有的拖延行为都是拖延症，要视拖延的程度而定。很多人也不是没想过解决它，但每次下定决心要改之后，又开始拖延了。

拖延的根本原因在于我们不愿意作出改变。如果我们愿意去克服困难并付诸行动，改掉拖延的坏习惯并不是难题。

02 ／ 完成好过完美

面对快速变化的世界，我们需要经常调整进度，作出改变。我们把后果消极、无必要的推迟称为拖延。

拖延不是非黑即白的问题，每个人都会存在不同程度的拖延心理和行为，所以不要随便给自己贴上“拖拉机”的标签，这不仅会影响自我评价，而且有时候会给自己的拖延行为找一个好借口。

拖延本来是一种常见的现象，人们也能够通过自我调节来解决或缓解拖延的问题，但不少人把它当作严重的问题，当作能力低下的表现，甚至当作不可饶恕的过错。

造成拖延的原因有很多，例如逃避压力、害怕失败等。焦虑的情绪会让我们浪费大量的时间，让我们迟迟不敢付出行动。

当你察觉到这种情绪时，你要告诉自己，这个世界上其实并没有那么多人会在乎你到底能不能完美地完成一件事。完成好过完美，想想如何完成眼前的这件事比担心自己无法做到完美更有用。

从习惯性地拖延转变为卓有成效地做事，需要你付出大量努力。你需要学习控制这些认知、情绪、行为的方法，并将这些方法用在日常生活中，这个过程会非常艰苦，但也非常值得。

03／战胜拖延症的方法

当今社会竞争激烈，你需要不断学习新知识、新技能，才能跟得上不断提高的职业要求。当你被拖延困扰时，你需要采取积极有效的策略来应对，其本质就是在复杂的情境中管理自我。

改变消极的思维方式，缓解情绪，采取积极、主动的行为，这就是“认知、情绪和行为”三管齐下战胜拖延症的方法。

要想改变拖延的习惯，你就要观察自己的心理，看清拖延行为是怎样产生的，想想拖延会给你带来什么后果。成功的秘诀就是立即行动，确定目标和方向，全力落实。

当你产生分心的念头时，坚持五分钟，将注意力集中到自己的感受上来。当你想拿起手机刷微信的时候，当你想做一个“沙发土豆”看电视时，给自己喊停，终止拖延。这种方法可以帮助你提高忍耐力，增强专注力。

接纳现实才能改善和进步。在接纳了自己经常拖延的现实之后，我们接下来要做的就是思考我们能做些什么，怎样才能让事情进展得更顺利，从这次拖延中学到了什么。

养成做总结和做计划的习惯有助于战胜拖延。每晚总结当天的最大收获和最需要提升的地方，拟出次日需要做的事，第二天依照计划逐条完成。当你发现自己有了一点进步的时候，不要忘了及时给自己一个奖励，一杯咖啡或一个水果都行。

拖延浪费了你的时间和精力，还增加了你的负罪感。终结拖延对你的干扰，你才能活得更精彩。

怕什么真理无穷，进一寸有一寸的欢喜

学习的过程固然艰辛，难免遇到挫折和伤痛，但是新技能的获得让我在面对这个世界时有了充足的底气。

我能够因为兴趣而去做现在的工作，而不仅仅是为了赚钱。

大学的时候我爱玩，参加了很多社团。大一的时候，我看到美术社团在招新人，社员们在烈日下认真创作，当场画出了一幅幅美丽的画作。我当下觉得，会画画真的太好了，于是兴冲冲地报名加入了美术社团。

美术社团一周只有一次课，几十个人一起在一个大教室里上课。老师是当时市里有名的画家，水平很高，但是他没有时间给每个人都指导一番。最终能学到什么程度，主要得看每个人的悟性和勤奋程度。

刚开始的几周，我天天兴致勃勃地在寝室里画画，临摹素描，或者不厌其烦地调配颜料。后面的课越来越难，我也越来越跟不上了，怎么画都不顺手；回到寝室也不想练习了，甚至连临摹都不想做了。

后来，那些画板、支架、颜料全都被尘封在了角落里。我爸总是笑着对我说："你不是学了画画吗？最近有什么新作品吗？"

每次听到这个话，我的脸就发烫，总是说些别的事情岔开话题。对于这个小小的爱好，我只是开了一个头，到了困难的地方就无法坚持下去，最终草草收尾。这个所谓的爱好已不能称之为爱好，我只是偶尔想起它来。

01 ／ 把兴趣变成事业

和我一起参加美术社团的一位学姐却截然不同。

我们都是跟着同一位老师学习，一起临摹素描、调色，只是之后的路就完全不同了。我越来越心不在焉，她却选择迎难而上。

我当时的想法是，反正我也没想成为画家，没有指望靠这个养活自己，所以想学就学，不想学了就放弃。而这位学姐却坚持每天练习，即使冬天冷得要命，大家都不想把手暴露在寒冷的空气中，她还是坚持画画。在寒冬时节，她还是照常用冷水冲刷画笔和画盘，这使她的手冻得通红发肿。即便如此，她也没有放弃，老师经常在课堂上表扬她。

“学姐，你这样画，手不冷吗？”我知道冬天用手触碰冷水和调色盘的滋味，所以经常偷懒。

“一开始觉得冷，可是想到能够提高画画水平，慢慢也就习惯了。”

其实，我一开始也是打算认真学习画画的，只是遇到了一点困难之后，我就开始以各种借口逃避。归根结底，只是不想吃苦罢了。生活中，有什么事情是不需要经历痛苦和挫折就能获得成果的呢？

后来，学姐跟着老师继续学习，毕业的时候已经可以去画室里教小朋友们画画了。毕业后，她进入银行上班，不工作的时候还是经常去画室帮忙。

最近一次在网上和她闲聊，她对我说：“有时间来找我玩，我在家里开了一个小画室，教孩子们画画。”隔着电脑屏幕，我仿佛看到了学姐温暖的微笑。

“那银行的工作呢？”

“不做了，我对银行的工作总归是不喜欢，就自己开了一个画室，刚好家人也很支持我。”

我恍然大悟，原来人生从来不是只有一条出路，只要你有实力，就进可攻退可守。她之所以能活得如此率性，是因为她积累了足够的资本——她还有另外一种赚钱的本事。

这条路可能并不是她一开始就打算要走的，也许她之前从来没有把这看成是一条路。但就是这样一个简单的兴趣爱好，为她的生活增添了一种新的可能性，最终开辟了一条新的道路。

02 ／ 有退路的人生全靠能力支撑

大三的时候，我疯狂地练习英语口语。当时我心里只有一个简单的想法：我要练习到脱口而出的程度！

每天早晨，我都会站在河边大声地朗读英语，背诵单词和文章，全然不管旁人的目光。晚间跑步的时候，我也会戴上耳机听英语。

就在那一个学期内，我的口语水平飞速提升。当时正好有一场外贸展会，我被选成为志愿者，帮助外商在展会上与客户沟通以及售卖产品。

当时，我服务的是一位来自巴基斯坦的大叔，英语也不是他的母语，但我们沟通起来却没有任何问题。我那段时间的疯狂练习发挥了极大的作用，很多原来记不住的单词我全都记下来了。展会当天，我出色地完成了翻译工作，并且促成了生意。展会结束后，我和这位大叔一直保持着联系。他偶尔会问问我的近况，还曾经邀请我去他的公司工作。

毕业之后，我并没有从事与英语相关的工作，而是进入了一家互联网公司。我每天忙着写文案、做 PPT、分析数据，还要经常加班熬夜。我也常常遇到困难，但我很少担心这条路走不好，因为我知道，即便退一步，我还有其他工作可以选择，并且可以做得很好。

03 ／ 学习的意义在于让你有了更多的选择

通过学习画画和学习英语这两件事，我明白了学习的意义。

学习的过程固然艰辛，难免遇到挫折和伤痛，但是新技能的获得让我在面对这个世界时有了充足的底气，我能够因为兴趣而去做现在的工作，而不仅仅是为了赚钱。

很多人只能一条路走到底，即便明明知道这条路不适合自己，即便撞得头破血流也无法停下脚步，因为他们知道自己无路可退。而我却有转身的机会，还有另外一条路可以选择。

胡适曾经说过：“怕什么真理无穷，进一寸有一寸的欢喜。”我很喜欢这句话。

往前进一寸，你会发现天高海阔，世界都会为你打开大门，通向更多不同的方向。你不再被别人、被这个世界牵着走，而是自己掌握着生活的主动权。

往前进一寸，你能够挺起胸膛向前走，不惧未来和未知，遇到困难便迎难而上，遇到痛苦就扛过去，因为内心的强大能够支撑你勇往直前。

所以，什么迷茫，什么手足无措，都只不过是因为你的筹码还不够多，你的学识还不足以支撑你的梦想和欲望。

当你足够好，每进一步，世界都会多给你一个选择。

你的朋友很多，却没有几个知心朋友

人 生 中 有 朋 友 是 幸 福 ，
有 知 己 是 难 得 ，
有 知 心 是 难 求 难 得 。
风 雨 时 才 能 见 真 情 ，
平 淡 中 才 能 见 真 心 。

人生中，观众向来比朋友多。

如果是泛泛之交，关系往往建立在互利的基础上，那么失去了互利这个前提，关系也就消散了。如果是知心好友，关系则建立在共识的基础上，没有共识，则很难交心。

生活中，我们难免会遇到这样的情况：原先的一些知心好友，随着你生活和事业的改变，慢慢地淡出了你的生活。

虽然你并不想失去他们，但你心里很明白，这段友谊再也无法变回以往的模样了。

无论是因为你的改变，还是朋友的改变，你们失去了共识，也就没有了交心的基础，友谊变淡也就成为无可奈何的事情了。

01 ／ 朋友不看数量看质量

朋友不是天天见面、一起吃喝玩乐、相互吹捧的人；而是懂你，在精神上支持你、鼓励你、帮助你，在你有所不足时指正你的人。

肤浅的人交的不过是观众，而上进的人交的是朋友。真正的朋友，不是只给你掌声和赞美的人。

不要拒绝真诚的话，更不要拒绝一颗真诚的心。交朋友，看的不是数量，而是质量，与品格出众、能力出色的人相处才能提高自己。

真正的朋友不是不离左右，而是默默关注，有时候只是一句贴心的问候，一句有力的鼓励。

有些人，只可远观不可近瞧；有些话，只可慢言不可说尽。

朋友不在多少，只要交心就好。

02 ／ 交知心朋友并不基于互利

我们在童年时都有过交友的经历，你喜欢和哪些小伙伴一起玩，不喜欢和哪些小伙伴一起玩，完全取决于你和他们合不合得来，相处是否开心。此时的交友原则很单纯。

长大之后，很多人的交友原则就不会那么单纯了，往往夹杂着其他因素。例如，有些人会想：对方比我强，我主动结交，人家会不会看不起我；或者，我比对方强，他与我结交，是不是怀有什么目的。有了这些基于利益的考量，恐怕就很难交到知心的朋友了。

交友之道，不能重利，而要重情。人与人之间有一种特殊的磁场，你再好，我不一定看得上眼；你没那么好，我看你还是顺眼。

不是所有的人都能成为朋友，也不是所有的人都值得你付出真心。做人不能斤斤计较，但一定要有原则和底线。他人有过，不究；于人有恩，不念。

人生中有朋友是幸福，有知己是难得，有知心是难求难得。风雨时才能见真情，平淡中才能见真心。日子久了，与你无缘的自会走远，与你有缘的自会留下。

人的一生可以交很多朋友，但真正的朋友、知心的朋友却不会很多。

03 ／ 交友贵在知心

人之相识，贵在相知，人之相知，贵在知心。

点头之交仅为相识，人情往来可称相交，志趣相投方为相知。古人云："合意友来情不厌，知心人至话投机。"真正的朋友必定无话不谈且相谈甚欢，而不是"话不投机半句多"。

成年后的漫长岁月中，你会结交形形色色的朋友，但并非所有朋友都可交心。真正的朋友必是以心相交，而非以利相交。

那些与你渐行渐远的朋友，往往与你在价值观和思想上有无法弥合的分歧，所以你们无法再维系往日的友情。两个人能不能成为知心的朋友取决于追求的契合度和心智的匹配度。

古有伯牙为知音子期之死发出"摔碎瑶琴凤尾寒，子期不在与谁弹"的感慨，也有一句俗话说得好"士为知己者死"。

人要低头做事，更要睁眼看人，择真善人而交，择真君子而处。

不要以爱之名
来左右我的生活

父 母 以 爱 为 名 ，
打 着 “ 为 你 好 ” 的 旗 号 来 干 涉 和 规 划 孩 子 的 人 生 ，
其 实 对 孩 子 未 必 好 。

有些父母总是对孩子说“为你好”，却只让孩子做让他们自己觉得满意的事。

现实生活中，每每孩子和父母意见相左时，孩子们听到的最多的一句话是什么？一定是“我是为你好呀，我是爱你、关心你才这么和你说，你现在不听我的，以后一定会后悔的”。

有些父母总是说：“我吃过的盐比你吃过的饭都多！”言下之意就是说：他们的人生经验比孩子丰富，孩子要听他们的。如果孩子不愿意顺从，他们就会搬出“我们都是为你好”这句话作为武器。

例如，“我这都是为了你好，你一定要考进 ×× 大学的 ×× 专业，将来才好找工作啊”“我是为了你好，你一定要和那个人分手”，等等。

可是，父母规划好的人生道路就一定是孩子想走的吗？就真的对孩子的未来好吗？恐怕答案并不总是确定的。

01 /“为你好”真的好吗

父母的“为你好”，真的好吗？

父母以爱为名，打着“为你好”的旗号来干涉和规划孩子的人生，其实对孩子未必好。

古人云：“己所不欲，勿施于人。”同样的道理，己所欲就一定要施于人吗？

对于那些总是以爱的名义绑架孩子的父母，我想说的是：你们的出发点肯定是好的，但是你们也要明白，你们想要的不一定就是孩子想要的，即便你们作出的规划确实对孩子有益，但以强迫的方式让孩子接受你们的安排，恐怕很多时候只会激发孩子的逆反心理，孩子恐怕会在违背父母意愿的路上越走越远。

如果孩子仍然坚持自己的选择，最终以失败收场，这些父母就会说：“谁叫你当初不听我们的话，如果听了，现在就不会是这个结果了！”可问题是，如果孩子当初听了父母的话，那么真正的结局就一定如父母所料吗？

如果孩子被逼无奈，顺从了父母，勉强去做那些自己不喜欢的事情，这个过程一定是充满痛苦的，结果也未必会好。一旦最后的结果不好，这些父母恐怕也不会承认自己的错误，反而只会认为孩子做得不够好，甚至批评孩子不够努力。

当初的逼迫和后来的批评，恐怕会让孩子和父母之间产生越来越大的隔阂。如果孩子继续接受父母的安排，这个恶性循环的雪球就会越来越大，无法收拾。

02 ／ 方式错了，爱也会变成伤害

造成这种情况的原因到底是什么？

首先是因为这些父母以错误的方式来爱孩子。不少父母认为他们对孩子的爱是无可置疑的，所做的事情都是为了孩子好，所以一定不会对孩子造成伤害。可是，当这种爱变成

一种束缚，变成一种牢笼时，恐怕就变了味儿，也不一定对孩子有益。

其次是因为这些父母认为他们的人生经验比孩子多，他们希望帮助孩子减少在人生的道路上跌倒的次数，更快地迈向成功。殊不知，在通过失败吸取经验教训、获得成长这件事上，是没有捷径可走的，温室里的花朵禁受不住风雨的洗礼，失去了父母的庇护，孩子只会遭遇更大的挫折。

最后是因为不少孩子错误地理解了孝道，认为孝顺就是一切听从父母的安排，认为父母完全可以根据自己的意愿对孩子的人生进行规划。他们放弃了作出独立选择的权利，也就放弃了承担失败后果的义务。他们会认为失败与自己无关，而是父母当初选择所造成的结果。

03 ／ 爱我请放手

请父母们别再拿“为你好”作为束缚孩子的借口了。父母要学会适时地放手，就算孩子选择的方向和你们规划的不一样，那又如何？让他们自己去尝试，自己去努力，自己去感受。无论成功或者失败，他们一定会有自己的收获。

就算结果不如意，至少他们尝试过了，努力过了，他们也学会了为自己作出的选择负责。更重要的是，他们知道了，明明可以看到结果却选择尊重孩子意愿的父母永远是他们最有力、最耐心的支持者，永远期盼着他们下一次获得成功。

这才是真正对孩子好。

第四章

职场修炼
路漫漫

01 刻意练习让你加速成长

[illegible]的有效方法都是通用的，这种通用方法就是"刻意练习"[illegible]

[illegible]

收起你的玻璃心，挨批评是职场新人的必修课

不要把批评看得太重。

玻璃心的员工在挨批评之后，因为把批评看得很重，所以会觉得特别难受，整个人都悲观了起来。

01／职场新人容易挨批评，玻璃心碎一地

对于刚刚踏入职场的新人来说，由于对业务不熟悉，一些工作多多少少可能会完成得不够好。

如果这时候你不巧碰到一个脾气稍稍有点暴躁的上司，那么你估计就要挨批评了。毕竟，对上司而言，无论你工作态度如何，工作成果也只有好与没那么好的区别。

职场新人可能觉得很委屈，明明自己已经尽力了，却还

要挨批评，心理上难以接受。职场新人情绪波动比较大，因为他们刚刚从学校毕业，要他们一下子适应被上司管束，多多少少还不习惯。这时候，如果挨批评的职场新人有一颗玻璃心，恐怕就受不了了，甚至会冒出辞职的念头。他们也许会认为，上司批评自己就是不尊重自己，伤害了自己的尊严。

说白了，其实他们就是觉得自己丢了面子，或者觉得上司在故意针对自己，所以干脆就不想干了。

02 ／ 挨批评是因为你还不够好，还有进步空间

从职场新人成长为职场高手，谁没有挨过批评呢？毕竟大部分人都不是天才，都是努力型的选手，在工作的过程中难免犯错。

有些人从小受到了家人的过多呵护，优越感太强，刚刚步入职场，上司对自己提出批评，就觉得无法接受，仿佛对方做了天大的坏事一样。

可是仔细想想，上司批评你还不是因为你没有把事情做好，给公司带来了损失吗？

上司批评你，是因为你还不够好，还有进步的空间，你要把这件事当成教训，下次不能再犯同样的错误。如果你总是被上司批评，那只能说明你一直在做错事，而且不长记性。

03 ／ 如何正确应对上司的批评

如果你有一颗玻璃心，在职场中生存可不是一件容易的事情。职场新人需要尽快把自己的玻璃心磨炼得足够强大。

作为员工，当我们受到上司的批评时，我们要尽量保持谦逊的态度，吸取教训，总结经验，以后出色地完成工作，让上司不再有机会批评自己。

在上司批评自己的时候，千万不要随意顶撞。有时候上司可能会当着其他人的面批评你，或者言辞激烈了一些，这时候你肯定觉得没有面子，但千万不要顶撞上司，否则很可能会演变成争执，无法收场。

不要把批评看得太重。玻璃心的员工在挨批评之后，因为把批评看得很重，所以会觉得特别难受，整个人都悲观了起来。

我们何不把上司的批评当作一次成长的机会呢？这样想的话，心情就会变好，工作态度就会端正起来，工作效率也会提升，何乐而不为呢？

职场中的你千万
不要去做别人的“便利贴”

如 果 可 以 选 择 ，
我 希 望 你 的 第 一 份 工 作 是 负 责 区 域 性 的 基 础 工 作 ，
而 不 是 处 理 传 送 工 作 和 其 他 琐 碎 事 务 ，
做 别 人 的 “ 便 利 贴 ” 。

记住，职场中的你千万不要去做别人的“便利贴”。如果你总是随叫随到，不好意思拒绝别人的请求，那你迟早会成为不停穿梭于各个办公室的“办公室飞人”。你总是帮别人寄快递、收快递、传合同、递文件，或者帮忙去找一下同事，甚至帮忙打扫一下卫生，那你的本职工作就只能等到下班之后才去完成了。

也许，曾经有很多职场前辈这样和你说过：“新人就要多干活，不要怕苦怕累，不要抱怨。要有吃亏是福的心态，做得多，学得才多。”

真的是这样吗？

假如你每天都在重复地做一些琐事，那你是不可能学会什么新技能的。真正意义上的“做得多，学得多”，实际上是针对做一件事情的深度而言的。

01 ／ 要学会适当拒绝

很多人在工作中当惯了“老好人”，从来不懂得拒绝上司或同事提出的要求，尤其是新人。其实，你是职场新人并不意味着你要事事顺从于别人。

很多人害怕因拒绝而得罪别人，以后和对方不好相处，所以就一再突破自己的原则去迎合别人。其实，拒绝也是有技巧的，你可以试着这样拒绝别人：“好的，我很愿意帮你的忙，可是现在领导交给我一件特别紧急的事情，我要先去处理这件事情，完了再来帮你，好吗？”你可以用这种方式提醒别人你的直属上司是谁，你处理事情时是有优先顺序的。

先把自己的本职工作做好是职场中最基本的原则。摆正心态，努力做事，拿成果说话，不必刻意迎合别人，不要降低工作标准，这样你就不用担心“得罪”什么人。

02／提高自己的能力

无原则地接受他人的请求并不是真正的友善。有时候，拒绝才是明智之举，才是对自己、对别人负责的表现，尤其是你自身的能力不足时。

在职场中，每个人都应该持续学习，提高自己的各方面技能，这样才不会一遇到事情就麻烦别人，也才能在别人真正需要帮助时伸出援手。

例如，你应该下一番功夫，把 PowerPoint 和 Excel 这两个办公软件用好、用熟。日常工作中经常会用到这两个软件，经常有人不知道怎么处理 Excel 的函数和公式，或者不知道怎么设置某个选项。如果你熟练掌握了 Excel，那么展现自己工作能力的机会就增多了，上司也会对你另眼相看。

当然，还有一点也很重要，你要提高自己的沟通能力。工作中遇到实在无法解决的难题时，不要自己硬扛，而要想办法与上司和同事沟通，获得他们的指点和帮助。

你一定要坦诚地和他们沟通，说明自己作出了哪些尝试，获得了什么结果，哪个关节始终无法突破。如果问题最终得到了顺利解决，你不仅积累了经验，提高了能力，也能给别人留下善于沟通的好印象。

03／培养自己的创新思维

在借鉴已有经验行事之前，你一定要搞清楚这种经验是在什么情况下总结出来的。如果情况已经发生改变，那么你就应该基于新的条件去思考解决方案。这就是所谓的创新思维。

创新要求我们在前人经验的基础上，随着环境因素的不断变化而改变自己的思维方式。创新和守旧往往只差一小步，但这一小步却决定了你开展的工作能否获得成效，能够获得多大的成效。

如果可以选择，我希望你的第一份工作是负责区域性的基础工作，而不是处理传送工作和其他琐碎事务，做别人的“便利贴”。

你一旦被别人贴上了“便利贴”的标签，就很难再把它撕下来，而且你做的大量工作都无法培养你的创新思维。长此以往，你的思维方式就僵化了，再也无法创造出更大的价值。

好好说话，
提升职场竞争力

口 才 是 知 识 渊 博 的 标 志 ， 也 是 事 业 成 功 的 阶 梯 ，
善 于 沟 通 的 人 职 场 竞 争 力 更 强 。

职场中的你也许能力很强，但沟通能力不足，只能眼睁睁地看着其他人比你更快地加薪升职。

提到说话这件事，大家难免会想到《奇葩说》这个节目。看过《奇葩说》的人都知道，这个节目的主持人和选手一个比一个会说话，说话已经成为他们在职场中的核心竞争力。

有人说，一个人的成功，只有 15% 取决于知识和技能，剩余的 85% 取决于沟通——发表自己意见的能力和激发他人热忱的能力。

善于沟通的人往往令人尊敬、受人爱戴、得人拥护，才

能出众却不善交流的人恐怕无法在职场中取得更大的成就。

01 ／ 不要小看说话这件事

很多人想当然地认为谈话就等于沟通，殊不知，谈话不等于有效沟通，有时候甚至完全不是一回事。

什么是有效沟通？简单来说就是，对方完全明白你所说的每一句话，自己完全明白对方所说的每一句话，双方达成了共识。

要想达成有效沟通，必须遵循社交的三大原则——彼此尊重、理智对话、就事论事。

以赞美为例，更容易让别人接受的赞美往往聚焦于行为而非个体。例如，你现在要赞美一位厨师，如果只是泛泛地夸赞“您真是一位了不起的厨师”，就会显得苍白无力，因为对方心里知道还有很多厨师比他优秀。但是，如果你告诉他你每个月都会去他的餐厅好几次，对方就会认为你的赞美发自内心。

在职场中，成功者往往都是沟通高手，都有一副好口才。无论是为了在工作中更好地与上司和同事打交道，还是为了生活中更好地和亲朋好友相处，提高沟通能力都是很有必要的。

沟通是双向的，所以你要经常站到对方的立场考虑问题，以此消除沟通障碍，达到沟通的目的。

02 ／ 沟通能力与知识、技能同样重要

据说，某大企业在面试时有四条原则：第一，声若蚊子者，不予录用；第二，说话不能抑扬顿挫者，不予录用；第三，说话不得要领者，不予录用；第四，说话无朝气者，不予录用。由此可见口才的重要性。

如果说知识是财富，那么口才就是资本。如果一个人沟通能力强，能言善辩，他的才干就可以通过话语充分地展示出来。有时候，很多事情不是“做”成的，而是“说”成的。

若想快速地了解一个人，不妨看看他的口才。常言道：“听君一席话，胜读十年书。”与知识渊博且口才好的人交谈，就像喝了一壶美酒一样令人沉醉。

03 ／ 善于交流的人才能笑傲职场

有人曾说：“世间有一种成就可以使人很快完成伟业并获得世人的认识，那就是讲话令人喜悦的能力。”

口才并非仅仅是指说话的能力，而是体现了一个人的综合能力。只有具备敏锐的观察力，能够深刻地认识事物，说出话来才能一针见血，准确地反映事物的本质。只有具备严

谨的思维，懂得怎样分析、判断和推理，说出话来才能滴水不漏，有条有理。最后，你还必须具备流畅的表达能力和渊博的知识，说出话来才能引经据典、生动有趣。

善于沟通的人深知时机的重要性。例如，一位优秀的体育教练知道什么时候应该通过令人振奋、鼓舞人心的演讲来提升团队士气。

口才是知识渊博的标志，也是事业成功的阶梯，善于沟通的人职场竞争力更强。

没有核心竞争力，如何脱颖而出

关注自身职业发展方向及公司业务变化，
根据个人的优势和特长主动认领新任务，
在工作中不断汲取成长的能量。

大部分职场人士都有这种感觉：学习成绩好不好，证书多不多，根本无法证明你的能力。

随着职场竞争加剧，越来越多的人感觉缺乏成就感和安全感。但是，话说回来，你没有核心竞争力，又如何能脱颖而出呢？

什么是核心竞争力？核心竞争力的概念最早由普拉哈拉德和加里·哈默尔两位教授提出，即企业或个人相较于竞争对手所具备的竞争优势与核心能力差异。

那么，如果想培养自己的核心竞争力，应该注意哪些方面呢？

01 ／ 你所抱怨的现在是未来再也回不去的曾经

生活中，好的心态可以使你乐观豁达，好的心态可以使你战胜苦难，好的心态可以使你过上真正快乐的生活。

而在职场中，大部分人都心怀冲破职业发展天花板的梦想，又承载着成家立业的现实压力，所以就会害怕失去稳定的工作和收入来源。

在生活压力之下，很多职场人士发现梦想并不像原来学生时代想得那般美好，因此陷入了痛苦之中。

解除痛苦的办法有三种：第一，不要抱怨他人；第二，不要抱怨自己；第三，改变自己原先的设想。

很多人在工作以后都会以各种各样的理由拒绝继续学习。他们以各种借口麻痹自己，例如太忙了，没有时间学习；或者交际圈远比工作能力重要，去参加各种各样的聚会比在家读一本书强多了。

你虽然也十分努力，但和身边很多优秀的同龄人相比，你们之间的距离越来越大，而你却束手无策。

其实，在职场中，人与人之间在能力上面往往并无太大的区别，真正的区别在于心态。

02 ／ 想要改变现状，到底应该怎么做

当你陷入迷茫的时候，你会如何作出选择？是继续委曲求全，勉强去做手头那一份入不敷出的工作？还是整天四处奔波，在朋友和客户之间周旋，维持生活？或者用不切实际的想象来逃避现实？

想要改变现状，你最应该做的是关注自身职业发展方向及公司业务变化，根据个人的优势和特长主动认领新任务，在工作中不断汲取成长的能量。

许多人都对自己的现状不满，总是想摆脱现在的生活，做一个全新的自己。如果你真的想改变，什么借口都不成立，没人拦得住你。

如果你还没有作出改变，那只能说明你并没有改变的决心。如果你真心想要改变现状，你就会意识到，进步最快的方法就是积极地在工作中培养自己的综合能力，而非单一技能。

如果你觉得自己的职业发展已经停滞不前，务必要思考一个问题：加强哪些技能才会让自己变得更好？

03 ／ 不断加强技能，提升自己的核心竞争力

很多人不愿作出改变，总说我没有这个、没有那个，缺这个、缺那个，因为这个、因为那个……其实你真正缺乏的就两个字——决心。

如果没有改变现状的决心，就会一直陷入一种看似舒适实则重复劳动的状态之中，看起来稳定安逸，其实已经面临发展瓶颈。

所以，即便身处安逸、稳定的环境中，也要主动去承担难度更大的工作。在推进工作的过程中，你可以掌握更多的资源，训练新的工作能力和思维方式。这实际上就是你职业生涯新的起点。

要想提升自己的核心竞争力，最好的方法就是好好地投资自己，让自己多几项技能，只有这样，你才能找到新的突破口。

希望你正走在改变的路上。

升职加薪的秘诀是
展现你创造的价值和效益

职场中人一定要认清自己的价值，
一个人的薪水与其价值基本上是匹配的。

很多人说："我工作非常努力，天天加班，但工资很低，公司也不给我升职加薪，我的出路到底在哪里？"

其实，你的出路不在于换一份工作，也不在于多找一条赚钱的路子，而在于提高工作绩效，这样你才能在职场中实现自身价值。

升职，代表自己的能力和工作成果被公司肯定；加薪，代表自己创造的价值比以前更多了。

大部分时候，这两者是联系在一起的，但也有一些例外。例如，上司认可你的工作能力，但觉得你在领导力方面有所欠缺，所以只加薪不升职；或者上司觉得你是值得培养的人才，让你担任重要项目的负责人好好锻炼一下，所以只升职不加薪。

如果你是一位老板，你会因为一个员工天天加班到深夜，在公司吃泡面而感动到给他加薪吗？还是给一个下了班就走，但工作效率高、业绩好，给你省了好些心的员工升职加薪？答案不言自明。

那么，是什么拉开了你和别人的差距？

01 ╱ 你创造的价值和效益在哪里

职场中人一定要认清自己的价值，一个人的薪水与其价值基本上是匹配的。

如果你觉得自己价值特别高，但薪水又很低，那你很可能是高估了自己。也许有人会说，领导每天都给我一堆工作，我干都干不完，难道我的价值不高吗？我只想说，请不要为自己的愚蠢找借口。

你看看周围的同事，判断一下：他们的价值是否与他们的薪水相匹配？如果你连靶心都找不到，那就不要说什么射箭的事了。

公司只为你给公司创造的价值买单，你创造的价值越高，薪水越高。

如果你能明确自己的工作范围，搞清楚自己的主要工作职责，而且工作完成度极高，那么你离升职加薪又近了一步。

02 ／ 你看起来特别努力却没什么成果

工作和上学一样，不管你平时是天天玩到深夜还是天天学到深夜，最后往往只看结果和成绩。

大部分人在升职前都有一段隐性的“试用期”，也就是领导觉得你的工作能力不错，给你多分配了一些任务，或者让你负责一些事务，暗中观察你是否胜任。

有时候，要想获得成功，必须敢于表现。当然，态度和努力也很重要，但一切都要用结果说话。

所谓的领导力一定不是当了领导之后才培养出来的，而是在成为领导之前，你就已经成为团队核心或者意见领袖了，这种能力并不是天生的，而是一点一点培养出来的。

学会定期复盘和总结，看看哪些是因为自己过于强势而造成的盲点，哪些是因为沟通不畅造成的壁垒，努力去修正、去改善，这样你才会离升职加薪更近一些。

03 ／ 你每天花多少时间学习和提升自己

刚入职的年轻人大都朝气十足，但随着年龄的增长，有些人开始“混职场”，而且将“混”的重要性放在学习之前。

工作以后，最大的两个难题是：第一，总觉得时间不够用；第二，总觉得没空去学习。其实，这两个难题的背后都是时间管理出了问题。

怎样才能做好时间管理呢？简而言之，在黄金时间做重点任务，好钢用在刀刃上。

黄金时间的周期是需要测算的，就和记账一样，所有的记录工作都是为了让你作出准确的分析，而不是让你沉浸在记录的乐趣之中。

延伸阅读能力是判断自我学习能力的一个标尺。职场中没有考试，所以你缺什么知识就得自己去补。

职场中的赢家永远都是那些不断进取的人，讲究效率和成果的人。涉猎新知识最根本的出发点在于兴趣，也就是你是否对这件事充满了好奇。

你看了一本介绍如何制作 Excel 表格的书，你是否会好奇这位作者还出过什么书？或者这套书里还有没有其他值得一读的书？如果你因此发现了一本介绍如何制作 PPT 演示文稿的书，你有没有兴趣阅读？你看了一本名为《长尾经济学》的书，觉得很有趣，那你有没有兴趣看看其他经济学著作？

获取知识达到一定的量之后，才需要做知识管理、知识分类，才能建立自己的知识体系。在这个方面讲究效率和成果的人，能够不断自我革新、不断进步，升职加薪也离他们很近，所以他们从来不演什么“我工作这么卖力”这样的苦情戏码。

用好“价值”“效益”“学习”这几件法宝，希望你早日实现升职加薪的愿望。

职场新人如何应对压力

人生乐趣一半得之于行动，另一半得之于感受。在职场中亦是如此。所谓感受是被动的，是容许职场中的人和事感动我们的心灵。

没有压力的世界定是没有生命的世界，没有压力的人生定是没有动力的人生。

每逢岁末，大大小小的会议、各类年终总结以及即将扑面而来的各种人情压力和“逼婚”压力让一些职场新人彻夜难眠、脾气暴躁、悲观失落……这种“年底压力”近年来以高发病的态势在职场中不断蔓延。

其实，应对压力的关键并非拒绝压力，而是接受压力、调节压力，不让压力把自己压垮。在压力面前保持优雅是我们要修炼一辈子的事情。

那么，职场新人应该如何应对压力？

01 ／ 压力是进步的代价

无论是在职场中还是在体育运动中，我们都会发现，压力使人进步。

年轻人的职场压力，主要来源有三：一是面对激烈的职场竞争，连喘口气的时间都没有，感觉自己被掏空；二是不会拒绝别人，只要有人开口就来者不拒，患上了“拒绝困难症”；三是时间管理一团糟，工作生活分不开，一不小心得了拖延症。

很多人之所以没有办法应对职场压力，是因为他们抗拒压力、逃避压力、不愿意面对压力。其实，我们一旦选择了某条道路，总会碰到相应的麻烦和问题，世界上几乎没有一件值得做的事情是可以轻松完成的。

直面职场压力，坚信“压力是进步的代价”，能够帮助我们在理性层面做好应对压力的准备。古人云：“生于忧患，死于安乐。”面对压力的时候不必焦虑，也许这只是生活对你的一点小考验。

职场中人有了压力才会有动力，没有压力的职场并不值得你投入其中。有人戏言，满足只是短暂的愉悦，而压力可能才是最长情的陪伴。

02 ／ 不抱怨才能解决问题

职场中的很多人面对压力时，不是想办法解决问题，而是抱怨周围的一切，例如抱怨带给自己压力的环境、带给自己压力的上司、带给自己压力的同事……可是，抱怨真的能解决问题吗？

抱怨解决不了任何问题，解决不了问题，也就没有办法减轻压力。

其实，在面对职场中的不如意时，我们要考虑这样一种可能性：真正有问题的是我们自己。只要换一个角度思考，你就会发现自己对挫折的忍耐力大大增强，更容易从逆境中走出来。

那些在压力下保持优雅的人，都有一个特质——自律。为什么要选择难走的那条路？因为不满足，走最平坦的那条路，看不到太多风景。

有人说，人生有两种痛苦最无奈，一是梦想破灭后的绝望，二是梦想实现后的空虚。所以，永远在路上可能是最好的状态。

不抱怨并不难，请从现在开始，把注意力从“怨天尤人”

改为“解决问题”就行了。

03 ／ 忙里偷闲才是生活真谛

对很多上班族来说，每天工作繁忙，压得人喘不过气来。毕竟，在激烈的职场竞争之中，只有不断努力，才能站稳脚跟，有所建树。因此，很多人选择过天天加班、内心非常焦虑的生活。而我认为，忙里偷闲才是最理想的状态，苦中作乐才是生活真谛。

人生乐趣一半得之于行动，另一半得之于感受。在职场中亦是如此。所谓感受是被动的，是容许职场中的人和事感动我们的心灵。

在工作时间小憩可能会让你感到内疚。不必感到内疚，相关研究表明，在工作时间内稍作休息、喝杯咖啡，工作起来效率更高。

其实，在我们一整天的工作过程中，是有很多工作间隙的。我们常常把这些工作间隙忽略了，搞得自己很疲惫。我们完全可以在工作间隙活动一下，例如做个简单的工间操，做做扩胸运动，深呼吸一下，这些都能让你释放心中的压力，得到放松。

快乐生活的人也是懂得趣味的人。就好比喝茶，会喝茶的人才会一口一口地细细品味。

没有痛苦的沉淀，快乐将是肤浅的。如果人体没有血压，血液就流动不起来，人的生命就会终结；如果血压过低，人也会产生不舒服的感觉，甚至会生病。

如果你整天忙于工作，那么最好的状态就是接受职场压力，带着解决问题的想法，保持良好的心态，即便天天加班，也要有忙里偷闲的能力和趣味。

职场中的你
为什么始终碌碌无为

积极主动地去争取是你抓住职场机会的敲门砖；
专业的表现是你加薪晋升的砝码；
良好的执行力是你获得成功的通行证。

人与人之间的差别是很大的，尤其是在职场上，不同的人，其职业素养也会有天壤之别。

许多人经常感叹自己的能力并不输给那些获得升职加薪的同事，但总是就差临门一脚。总有人说，自己在公司干了好几年了都没有起色，虽然很努力，但就是得不到晋升。

职场中的你为什么始终碌碌无为？为什么有些人只能当员工，另一些人却能晋升为高管？

你不妨问问自己：做事的时候情绪化严不严重？犯错的

时候头脑清不清楚？该谈责任的时候是不是谈了感情？

其实，每个行业、每家企业的中流砥柱，无不积极主动地去争取机会，拥有专业的表现，并具备良好的执行力。

01 ／ 积极主动地去争取是你抓住职场机会的敲门砖

没有加薪，也很少有晋升，的确有一些企业是这样的。但是，如果自己都不去主动规划和争取，又怎么能抓住机会呢？

记得适时地扔掉“低调作风”，在职场中过于低调并不是一件好事，而且很多公司的领导并不喜欢太过低调的人。

有些人，心里有想法不去表达，别人表达了他们心里还不舒服，这其实是一种虚伪的低调。如果你是在一家跨国公司或者一个充满朝气和创造力的团队里工作，一直保持低调的话，就没有人会认识到你的价值。

大家的工作压力都很大，没有人愿意再花时间去猜测你是怎么想的。如果你是爱因斯坦或者更伟大的人物，可能有人愿意去猜测，但很遗憾绝大部分人都不是。很多时候，过于低调反而会让你显得很不合群，没有领导能力。

一味地付出而不要求回报在现代职场中并不是值得倡导的行为，有时候反而阻碍自己和团队的发展。你可以想想你现在处于哪个发展阶段，如果你不满足于循序渐进式的成长，就要积极争取快速晋升。当然，你也需要付出更多的努力。

02 ／ 专业的表现是你加薪晋升的砝码

真正的一流人才，永远保持着非常专业的表现。他们任何时候都是一副干脆利索的形象。他们一般语速很快，不管是电话谈事还是面对面谈话，逻辑都很清晰，很少犯错。

毋庸置疑，拥有专业知识的人在掌握了管理技能之后，晋升的步伐会更快。拥有某一领域的专业知识会让人对你刮目相看，管理技能更是晋升之路的撒手锏。

在职场中，很好地控制个人情绪非常重要。这是因为，职场中大部分时候是在讲权责利而非讲感情，不管是领导还是员工，大家的时间都很宝贵，不应该把时间消耗在无谓的情绪上。

思想决定行为，行为决定习惯，习惯决定成败。上级交代一项具体工作时，不能抱着等一等、拖一拖的心态，更不能等到上级催促时才去执行。特别是对职场新人来说，良好的工作心态和工作习惯是慢慢养成的，如果刚进公司执行任务时就拖泥带水，久而久之就会形成习惯，影响整个团队的效率。

就算你是个天才，但如果你缺乏责任心，晋升也会离你很远。从接待员到总裁，都必须拥有责任心。责任心体现了企业的凝聚力，如果一家企业的员工都充满了责任心，你可以想想看这家企业将有多大的发展前景。

03 ／ 良好的执行力是你获得成功的通行证

所谓执行力就是指有效利用资源、保质保量达成目标的能力，或者说贯彻公司战略意图，实现预定目标的能力。执行力可以分为团队执行力和个人执行力。个人执行力就是要想方设法把上级的想法和安排的工作落实到行动上，把行动变成结果。

在职场中做事，先要用心想明白，要么做，要么不做，一定要果断。最忌讳的就是想投入又怕损失，这样注定办不成事，还会浪费很多时间。要知道，在竞争激烈的环境中，你全身心投入都不一定能成功，更何况三心二意呢。

执行并不是简单机械地完成上级交代的工作和任务，这样只是看到了工作的表象，而没有看到本质，最终结果往往是上级需要花费大量精力跟下属沟通工作要求和标准，工作效率十分低下。

一个人的思考力很重要。很多人，做事之前不思考，开始做事时又犹犹豫豫。思考力决定行动力。思考力不足，要么没行动，要么行动拖沓，总是一次次错过风口，看着别人的成绩流口水、后悔。

执行任务要张弛有度，任何过紧或过松的状态都不是最佳状态。特别是需要跟别的部门或公司配合时，更要及时沟通、跟进，这样才能及时掌握所有的变动。即便事情的进展和自己的预想有出入，也能快速地调整，在规定时间内完成任务。

要想尽可能放大工作成果，就要具备良好的执行力，始终追求卓越。成功的通行证不只是在最后一公里做到尽善尽美，而是要多走一公里，超越上级的期望。

无论面对什么工作，我们都要主动争取，认真对待，保持专业的表现，对自己负责。接受一项工作的同时，也意味着自己作出了一份承诺，必须想方设法将其兑现。

不懂刻意练习的套路，成功会离你越来越远

无论在什么行业或领域，

提高能力的有效方法都是通用的，

这种通用方法就是“刻意练习”。

刻意练习是一种区别于一般练习的有目的的练习，而且必须是持续的。

在努力获得成功的道路上，练习什么和怎样练习都是非常重要的事情。

为什么很多人都不愿意练习？因为懒，因为没有毅力，因为总有比坚持下去更轻松的选项，而苦苦练习又不能获得新的知识，一点新鲜感都没有。

我们练习什么？这是因人而异的，需要根据你的职业发展目标和你目前的进度来决定。

01 ／ 刻意练习让你收获成长

其实，思考、沟通都是能力，而不是知识，不是“知道就好”，而是“能拿来用”。无论在什么行业或领域，提高能力的有效方法都是通用的，这种通用方法就是“刻意练习”。

神经元是可以训练的。斯坦福大学的心理学家卡罗尔·德韦克花了几十年的时间证明，神经元需要不断训练，否则它们判断的准确率就会下降。

你得非常清楚你要练习的是什么，并严格地按照计划去练习。

刻意练习的目的是“积小胜为大胜”“积跬步以至千里”，最终实现长期目标。如果目标过大，就把目标分解成一个个小目标，逐个击破。如果不知道自己潜力有多大，难以设置长远目标，那就设置短期目标。

刻意练习与普通练习不同，如果仅仅是不断地重复，则很难有更大的提升，这也是专业人士和业余人士的根本区别。

对于任何希望提升自己的人来说，刻意练习都是行之有效的，是迄今为止人们发现的最强大的学习方法之一。

02 ／ 进行短时间的专注练习

专注的人和不专注的人，最终的差距是巨大的。那些专注思考的人，分析能力更强大，而且直觉也比一般人要准。

专注能带来好的效果。在专注的过程中，我们能够清楚地知道自己当前的状态与理想状态之间的差距，我们可以想方设法地缩小差距，使自己不断接近理想状态。

慢慢地你会发现，你越关注自己在训练中的状态，训练就越有效果。例如，在能力极限上做任何事，都需要全神贯注和尽最大的努力，更短的练习需要更强的注意力。这主要是因为高度的专注会让人感到非常疲惫，时间不宜过长。

对刻意练习的人来说，专注和投入都至关重要。我们要制定明确的目标，把练习的时间缩到更短，例如 30 分钟，这是更加迅速地提升能力的有效方法。在较短的时间内投入 100% 的努力，比花更长时间投入 70% 的努力效果更好。

对于那些其他人已经知道怎样提高，也有一套行之有效的训练方法的技能，短时间的专注练习特别有效。

03 ／ 针对性的重复练习贵在坚持

针对性的重复练习就是把大的知识体系拆解成一个个的小模块，将它们变成一个个小的知识罐头，然后逐个打开。总结成一句话就是：学习别人已经成型的套路，把整座大厦拆成一块块砖头。

但光有套路也不行，还需要不断地重复。有的人穷极一生也无法成为高手，因为他们做事时一遇到困难都会放弃，永远不相信坚持一下就能看见彩虹。很多事都很难坚持，但是一旦坚持下来，你就会觉得坚持是值得的，而且也没有那么难。

成为某个领域的高手真的不像大家想象的那么难。只要你坚持每天练习，终有一天你会成为这个领域的牛人。天底下最难的事情，恰好就是把简单的小事持续做下去。也就是说，最难的不是套路，而是坚持。

我们都需要成就感来刺激自己，让自己不要放弃。这就好比和一个陌生人相处，如果对方给你的印象很差，你还会跟对方有进一步的发展吗？除非你有特别的理由，例如出于工作需要，或者有求于人。做事情也是如此。

如果你在坚持做一件事情，就应该想想：我想要的成就感可能会藏在哪里？我怎样才能获得成就感，让它不要来得太晚？

愿你能坚持做自己喜欢的事情，早日收获成就，拥有自己的核心竞争力。

把重心放在有意义的事情上 才能让自己更有价值

成功的人会在小事上服软，
其实并不是因为他们懦弱无能，
而是因为他们的时间宝贵，
在小事上纠缠会让他们失去更多机会，
他们不过是在理性的判断之后作出了最佳选择。

01 ／ 不要将时间浪费在小事上

有一次，我和朋友在广州办事，被一个乞丐扯住了。

乞丐身强力壮，一副不给钱不让你走的样子。那时我年轻气盛，当下觉得非常气愤。我心想，你还这么年轻，不知道自己去赚钱吗？就算你拦住了我，我也不会给你钱！朋友发现我没有跟上去，回来找到了我。他大致了解情况后，对那个乞丐笑了笑，从皮夹里掏出 10 元钱给了他，带着我匆匆离开。

一路上，我有点闷闷不乐，朋友看穿了我的心思，说："是不是还为刚才的事情生气？"我说："是啊，我们不应该理他，不能服软。"

朋友对我微微一笑："客户还在等着我们，和他纠缠下去，耽误了时间怎么办？你要记住一句话，做大事的人从来不会在小事上面纠缠。"

朋友说的话，我当时根本没有听进去。

02 ／ 离闲人远一点

记得有一年高校毕业季，公司招聘了一批应届大学生。其中有个女孩，样貌好气质也好，她和总经理的关系不错。

在那一批应届大学生中，大部分人都不喜欢这个女孩，尤其是女生。那个时候流言四起，有人说她为了晋升勾搭总经理。还有人说，有一次看到她红着脸从总经理办公室出来，肯定是做了见不得人的事情。她和总经理的八卦成了他们私下聚会、闲聊时的谈资。

有一次，我和她一起外出，聊天的时候，我忍不住点了她一下："你知不知道现在公司都在传你和总经理的事情，你要不要避讳或者澄清一下？"

她却说："没事儿，身正不怕影子歪！我现在真的特别忙，没有闲工夫去理这些事。"后来，她依然我行我素，根本没去理会那些嚼舌根子的人。

和她接触之后，我发现她真的很忙，总是把工作做得尽善尽美，为了业绩非常拼，她做的PPT美得像画一样，数据也非常扎实。下班的时候，她不是上英语补习班，就是在健身房，每一天都过得很充实。

而那些喜欢嚼舌根子的人往往看起来很闲，不仅工作做得很一般，而且没事就喜欢聚到一起聊别人的八卦和隐私，仿佛他们就靠着这些东西过日子。

半年后，总经理结婚了，新娘不是她。她也交了男朋友，她和总经理的绯闻不攻自破。又过了半年，更戏剧性的一幕来了。那个女孩升职了，成了那些说她坏话的人的上司。升职的理由很简单，因为她一个人的业绩是那批人业绩总和的一半。

这个时候，之前散布流言的那些人，有的从家里拿来特产送给她，有的时不时送零食给她，有的人出卖朋友，向她打小报告，说之前的谣言是谁谁谁传出来的。

我想起了之前别人说过的一句话：离太闲的人远一点。闲人不只是清闲，往往还喜欢搬弄是非，造谣生事，不然他们的生活就没有一点趣味可言了。

她非常清楚这一点，从不去理会这些谣言，也不和这些闲人争高下，因为没有任何意义。斗赢了一堆闲人，你又有什么成就可言？

有一句话说得特别好，判断一个人的价值，去看他的对手就行了。我不是没有斗志，而是你不值得我斗！

通过这件事情，我也真正明白了朋友说的那句话：做大事的人从来不会在小事上纠缠。

周国平曾经写过一篇文章，大意是说成功的人会在小事上服软，其实并不是因为他们懦弱无能，而是因为他们的时间宝贵，在小事上纠缠会让他们失去更多机会，他们不过是在理性的判断之后作出了最佳选择。

03 ／ 不在小事上纠缠的哲学

成功者不会在小事上计较，懦弱者才会在小事上据理力争，然而他们遇到一点困难就会选择妥协。

我们每个人的精力都是非常有限的。想成大事的人，必须将精力集中起来，心无旁骛。如果把精力和时间都浪费在一些小事上，必然对我们想做的大事产生很大的阻碍。

不在小事上纠缠，也是一种处世哲学，它可以用在很多方面。

如果你深爱你的女朋友，就不要在意她过去的恋爱史，谁没有过去呢？你要想的是如何和她过好以后的人生。

你现在所处的环境里有一群负能量爆棚，喜欢诋毁、攻击别人的人，你应该想的不是如何打败他们，而是加快脚步脱离这个圈子，进入一个充满正能量的环境。

人生苦短，我们要做的事情很多，如果你想收获美满的人生，就不要在小事上纠缠！

第五章

远方的诗与路

今天的小情绪 将是明年的故事

不影响他人是最基本的教养。
即使渴望被人关注和理解，即使遇到了伤痛，
更多的时候，我们还是得自己舔舐伤口。

01 ／ 谁没有点儿小情绪

昨晚刷朋友圈，有一条情绪低落的感叹出现在屏幕最上方，刚想点进去一探究竟，却已经被发布者删除。发这条朋友圈的是一个姑娘，我叫她小鹿。在我的印象中，她天天都很开心，总是在朋友圈里发各种美食、美景还有公司举办的活动的现场照片，还经常分享好书。

忍不住发了一条私信问她："怎么了？"

她发来一个大哭的表情，说她最近心情很不好。我懂她的感受，对烦恼的忍耐积攒到一定程度，总归要找一个可以宣泄情绪的地方。

我懂她。一方面，自己之前总是给别人一种活泼开朗的印象，不想让别人看到自己脆弱的一面；另一方面，负能量会伤害关心自己的人，也会让一些朋友避而远之。所以，深夜难过的时候，花了很长时间，一个一个字敲好了想说的话，发出去，然后在情绪得到宣泄的几秒钟之后急急忙忙地收回。天大的难过，也得自己忍着，不能给别人带来麻烦和痛苦。

我们常常被教育，不影响他人是最基本的教养。即使渴望被人关注和理解，即使遇到了伤痛，更多的时候，我们还是得自己舔舐伤口。

但是，一个人怎么可能时时刻刻保持快乐呢？

02 ／ 充满负能量的朋友圈

还有一些人则恰恰相反，他们活得非常自我，根本不在乎别人的看法。我有个大学时代认识的男性朋友，他非常有才华，但也有一些自傲。或许是因为生活和工作不顺心，有一阵子他发的朋友圈负能量爆棚。几乎每一条都是在说客户有问题，或者说自己神经衰弱，快撑不下去了。

我知道，当时很多人都把他屏蔽了，但是我没有。我很了解他的那种痛苦，两年前，我也曾经历过这样的灰暗期。我当时所在的公司在我入职时对我进行了欺骗，我在工作中遇到了很多之前没有预料到的问题，但我又无法在短期内离职。

那段日子非常折磨人，虽然我有不错的自制力，但还是在朋友圈里发了表达痛苦和不满的内容。时间长了，也有人把我屏蔽了。但是我知道，自己的这种状态不会持续太长时间。

今天的事，明天就是小事；今年的事，明年就是故事。时间是最好的药，包治百病。所以，在那个男生频繁抱怨的日子里，我有时会陪他说说话，鼓励他从低谷中走出来。即使没有立竿见影的成效，我也没有放弃。果然，过年后，他朋友圈的画风慢慢转变，不再是无休止的抱怨和责问，偶尔也会晒一晒出去游玩的照片，转发一些搞笑的段子。

后来有一次，他提起了那段时光，对我说："谢谢你在那段时间里对我的包容和陪伴。"我说："没关系，谁没有伤心难受的时候呢？"事情过去了，还是要自己站起来，拍拍身上的灰，继续往前走。

很多时候，所谓的朋友，也只能同甘不能共苦。但是，真正的朋友，又怎么会容忍不了好友一时的抱怨？怎么会不在好友身处逆境时伸出手臂，把好友拉上岸呢？

包容他人一时的负能量，也是一种教养。

03 ／ 做最真实的自己

曾经在电视上看到这样一个案例。

作为音乐治疗师的父亲，虽然成功地给很多病人解开了心结，为无数病人定制了调整心态的音乐，但他却没法管理自己的情绪。

他时常在回家后责骂自己的妻子和孩子，而且极其敏感脆弱。他在工作的过程中接受了太多的负能量，而自己却没有一个宣泄情绪的出口。久而久之，他找不到人倾诉内心的忧虑，自己成了一个病人。

当然，过于频繁地向别人诉苦是会招人嫌的。可是，烦心事长时间憋在心里，难免积郁成疾。有人说，善于倾诉的人都比较长寿，因为内心积郁不多，心胸宽广。

有一些人，每天都欢欢喜喜的，甚至像打了鸡血一样，不仅每天转发各种鸡汤文，喊各种口号，还无时无刻不鼓励朋友们和他一起，立志做一个奋斗青年。面对这种人，我会有些害怕，因为我知道：他们每天散发出这种正能量，不是为了给自己树立稳重成功的形象，就是为了掩饰自己内心对未来的惶恐不安，总之，只是给自己戴上一副面具罢了。

与他们相比，还是那些偶尔会在朋友圈发牢骚的人比较率真。作为朋友，我们也应当容忍他们一时的不满。

做人就像照镜子，我们容忍了别人，或许哪天角色反转了，也会有人在我们难过的时候送来一个拥抱。

你没有经历过迷茫
是因为你还不想改变

我们没有办法选择我们将要面对的压力，
但我们可以决定用什么样的态度去面对压力，
用什么样的方法去解决它。
如果你能从容地面对压力，
那么它就是你进步的动力。

时代在前进，我们的生活节奏随之加快，压力也接踵而至。有些人觉得自己无法适应这种生活状态，整个人变得消极起来，对生活也失去了信心。这种现象在青少年人群中很常见。

很多人不明白自己想要什么，想要活成什么样子。在一味的逃避之后，他们越发不能控制自己的情绪，看什么都不满意，尤其对自己不满意，失去了前进的动力。

生活中有各种各样的压力，活着就会遇到困难，面对挫折。我们没有办法选择我们将要面对的压力，但我们可以决定用什么样的态度去面对压力，用什么样的方法去解决它。如果你能从容地面对压力，那么它就是你进步的动力。

那么，如何才能摆脱现状，找到人生目标，不再逃避呢？

01 ／ 有迷茫期是正常的

好多人年纪长一些后会恐慌，他们觉得自己一年比一年大，事业感情都不顺，于是陷入迷茫。然而，迷茫期弥足珍贵，这是一个最好的反省、归零然后重新开始的契机。

我们年轻的时候总喜欢去读一些名人自传、成功学之类的书，我们会去羡慕那些很早就非常明白自己想要什么，似乎从来就没有过迷茫期的人，同时为自己没什么目标而感到痛苦。

可是，仔细想想，人生没有迷茫期才是一件可怕的事！没有迷茫，哪来的清醒？很多人都是在迷茫了好些年之后，才如此坚定地知道自己到底想过什么样的生活。

当我们正视迷茫时，就会发现迷茫也不过如此，面对与承受本身就是一种解决方法。

面对迷茫，不同的人有不同的解决办法。有的人在心情不好的时候会闭上眼睛，聆听旋律优美的歌曲来放松精神；有的人会拉上两三个朋友出去胡吃海喝一顿，“化悲愤为食量”；有的人会向身边要好的朋友吐吐苦水，苦水吐完了，心情也就会变得好起来。

其实，有时候迷茫也是一件好事。现在越迷茫，将来就会越清醒，就越可能活得明白，活得成功！

02 ／ 逃避并不可耻

在工作和生活中，我们每个人都有被别人质疑的时候，质疑者可能是老板、同事，也可能是朋友。面对别人的质疑，你会怎么做呢？是摆出一副无所谓的样子，还是用行动来证明自己？

逃避并不可耻，谁想去处理烦心的事呢？每个人都是或曾经是逃避者，只是逃避的方式不一样罢了。

逃避并不可怕，可怕的是自己把逃避想象得过于严重了。心态才是一切的关键，只要心中有信念，再大的压力也会被自信的你消灭掉。

一个人只有反复经历与自我的冲突，才能深入地了解自己、接纳自己，才能形成独立的人格，也才有可能活出自己想要的人生。

用一颗淡定的心去看待生活，你会发现生活其实充满快乐。

03／多一点耐心

如何找到人生目标并不是某一个人的烦恼，而是古今中外人人皆有的“烦心事”。

我们要不断地反思和总结自己，看看自己有哪些地方做得还不够好。别人质疑我们并不是毫无根据的，我们要主动去发现自己的问题，找到解决问题的办法。

何不至少再给自己 6 个月时间呢？多一点耐心，不要觉得这是在浪费时间，也不要急切地想要得到结果。列一个自己一直想做的事情的清单，在时间和经济能力允许的情况下，每 30 天完成一件。

想看什么书就看，想旅行就旅行，想谈恋爱就谈，想学音乐就去学，想打工就去打工，至少坚持 30 天。如果 30 天后还想继续做下去，那说明你已经找到了自己想做的事。

很多事业有成的人在被大众知晓之前，都经历了几年甚至十几年摸爬滚打和内心挣扎的苦日子。你可以说他们终于熬出头了，但人生还没结束呢，又有谁能保证他们接下来做的每件事都正确，让这个稍纵即逝的所谓“成功”永远地延续下去呢?

人生，究其本质是一个过程。所谓过程，就是时时时刻刻都在发生着和变化着，我们根本无法给一个正在进行中的过程下结论，用成功和失败来判定每一个时点上的得失也许并没有太大的意义。

每个人都有被别人质疑的时候，面对别人的质疑和不信任，最好的办法就是用行动证明自己，这样才能从根本上消除别人的疑虑，建立一种长久的信任。

面对别人的质疑，逃避现实、封闭自己是没有用的，我们要学会积极勇敢地面对质疑，这样才能得到别人的尊重和信赖。

到目前为止发生的一切，都是在为塑造你内心真正想要的那种生活做准备。希望你也可以每天像树根一样，源源不断吸收土壤中的养分，不断地磨炼自己。

人生没有所谓错误或正确的选择，一切都是最好的安排。

内心常常有自卑的情绪，到底该怎么办

我 们 往 往 只 看 到 别 人 想 让 我 们 看 到 的 一 面 ，
最 光 鲜 亮 丽 的 一 面 ，
并 拿 自 己 全 部 的 生 活 与 那 一 面 相 比 较 ，
而 忽 视 了 光 鲜 的 背 后 往 往 有 着 不 为 人 知 的 阴 影 。

你是否常常觉得自己很失败，事事不如意，不如他人风光自在？你是否常常觉得学习没有成绩，工作不能成为谈资，也不知何去何从？

就像站在悬崖边，前有万丈深渊，后有千军万马，进退两难。这种无助感让很多人觉得坠入了人生的陷阱，似乎有声音在耳边说："你是一个无能的人，你一无是处，你不够好。"

如果一个人长时间陷入这种无助的状态，就会产生抑郁的倾向，认为自己再也不能改变现状，从而对生活丧失信心。

形成这个状态的原因有以下三种。

01 ／ 内心深处充满自卑感，敏感又脆弱

缺乏自信会让人看不到自己的长处，继而产生“我不够优秀”“我对别人可有可无”这样的想法。

例如，朋友有一天突然因私事爽约，你是否会想，他为什么取消了约会，是因为我太无趣，他不想和我做朋友了？还是我做错了什么，他不想见我了？

想到这里，你可能会伤心、难过，想不通自己为什么受到这样的对待，然后去向旁人哭诉，寻求安慰，甚至选择对朋友避而不见。

其实所有担忧和苦恼可能都只存在于你的想象中，朋友或许只是临时有急事而已。人们之所以会产生这种消极的想法，可能是因为幼年的经历，父母在孩子年幼时，没有给孩子足够的关注，常常批评和责骂孩子；也可能是由于成长过程中遇到了一些问题，但没有用正确的方式去应对，导致自己形成了不值得拥有更好的生活的想法。

自卑感强的人有时候会表现出不需要任何人的样子。因

为不需要别人，所以不用靠近别人，也不用担心自己不能给他人提供帮助和支持。拉开自己与别人的距离，他们就不会发现自己过得多糟糕，心理上就会觉得很安全。

02 ／ 喜欢和别人进行比较，无法做真实的自己

金钱、权力、地位，房子、车子、交际圈，一个个可以拿来比较的点就像是一只只手，把人们拉向深渊。我们不停地比较，却忽视了比较究竟有什么意义。

有一位女记者年轻有为，获得了业内的多个奖项，人们羡慕她在事业上的成功，但不知道她在31岁时就得了肝癌。其实，在我们所能看到的表象之下，往往隐藏着不为人知的一面。

我们往往只看到别人想让我们看到的一面，最光鲜亮丽的一面，并拿自己全部的生活与那一面相比较，而忽视了光鲜的背后往往有着不为人知的阴影。

03 ／ 总觉得自己生来有缺陷，而且不能作出改变

我遇到过一位特别容易害羞的女孩，她常用头发遮住自己的脸，低着头，偶尔轻轻抬眼看看对面的人。

她总是觉得没有人会喜欢她，她总觉得自己是一个生来

就很奇怪的人，不能与别人正常地交流。见过她本人的人，都对她白皙的皮肤、黑亮的头发、甜美的笑容印象深刻。同时，她的文章也写得很好，情感细腻并充满活力。

我鼓励她多参与学生会的活动，参加各种组织和比赛，还鼓励她主动与别人交流。她说："不行，我不敢看别人的眼睛，尤其是有那么多人在场的时候。我不敢在别人面前大声说话，看到他们注视的目光，我就会不停地出汗和发抖。"

我说："你把要说的话写下来，一遍一遍地练习，把台下的人都当作菜地里的萝卜，这样你就不害怕了。这是你必须要学会的事情。"

后来，我收到了她的消息，她不仅参与了学生会的工作，还有了一个高大帅气的男朋友。

自卑感会影响生活的方方面面，小到难以作出选择，不善于和他人沟通，不能争取学习和工作中的机会；大到无法成为一个自己喜欢的人，实现自己本该实现的人生理想。

那么，我们应该如何应对自卑感呢？

第一，学会转移注意力。很多时候，人们太在意自己所经受的挫折和痛苦，容易把负面影响扩大化。

如果我们能够在生活中多关心身边的人，帮助他人解决问题，从别人的角度考虑问题，那么我们的生理和心理状态都会得到改善。

多参与体育运动，多培养几个兴趣爱好，你会发现生活其实很丰富多彩。你会发现，生活不仅仅是经历挫折的那些部分，还有感受欢乐和幸福的那些部分，无论哪部分，都有其价值和意义。

第二，关注自己的内心。很多人很多时候迷失于父母、朋友和其他人的观点和言语中，失去了自我判断能力，所以才会感到迷茫、无助和愤怒。

其实，比起别人的意见，你更应该问问自己："我所面对的所有选择，哪一个是自己真心想要的？我的选择是否会对别人造成影响甚至伤害？"如果答案是否，那么大可追随自己内心的想法前行。

当我们放下自卑和忧虑，多关注自己的内心和需求，给自己方向和确定感，把更多的时间和精力用于提升自我能力时，你就会发现，值得你忧虑的事情越来越少，而你离梦想中的自己越来越近。

为了面子坚持错误的事
才是最没有面子的

自 己 的 日 子 得 自 己 过 ，
自 己 的 幸 福 由 自 己 创 造 ，
不 用 太 在 意 别 人 的 眼 光 。

这是一个真实的爱情故事，但这个故事并没有一个好的结局。

男孩幼年时出过车祸，他的左腿不太灵活。女孩的父母极力反对他们相处，他们不想让自己的孩子嫁给一个身体有残疾的人。

“他只是腿有一点点问题，能跑能跳能打球，聪明孝顺懂事能干，最重要的是他爱我，我也爱他。他就这么一点儿毛病，除了走路不太好看，其他都没什么！为什么我的事情你们老是要干涉？”

“道理我们都懂，我们也能接受他。但是，我们就你这一个女儿，别人怎么看我们？我们的面子往哪里搁？让别人看笑话？”

因为这件事，女孩同父母吵了一次又一次，从口角上升到母亲要离家出走，父亲要和女儿断绝关系。

最后，女孩妥协了，她和男孩分手了，之后四年都没有谈过恋爱。

又过了一些年，女孩在 30 岁的时候终于又找到了一个男朋友。到了谈婚论嫁的阶段，却又出了岔子。女方父母提出要 12 万元彩礼，男方家境一般，拿不出来。

“结婚这么重要的事情，我们养一个女儿也不容易，都老大不小了，就因为这点儿事情闹僵吗？这样吧，你们给我 12 万元，我背地里退给你 10 万元，这样面子上好看而且也不让你们难做。如果你们不拿这笔钱，亲朋好友问起来我该怎么回答？就这样把女儿贱卖？别人怎么看我们？”女孩的母亲说。

男孩的母亲说：“我们家为了结婚买房子已经欠了一屁股债，买房子的钱全是我们借的，你们没有出一分钱，现在又要彩礼，我们哪里还借得到钱？”

女孩到了 35 岁，身边的同龄人几乎都已经成家了，但她还是没有结婚。她的父母出门总被别人问女儿的婚姻状况，他们尴尬不已却又无可奈何，只能回到家怪罪女儿，说自己老脸都被她丢尽了。

女孩一句话也不说。

还有另外一个真实的故事。

在外企就职的一个姑娘嫁给了她的美国上司，风光无限地移民美国。这事成了女孩家里无时无刻不在炫耀的资本：一个有出息的女儿，移民美国过上了好日子。

女孩也成了她的朋友无时无刻不在炫耀的资本：我有一个朋友移民美国了，有什么需要代购的尽管说，苹果手机出新款了，要不要给你带一部？

事实上，她过得并不好，老公经常出差不在家，她在美国人生地不熟，生活不习惯，连交流的对象都没有。她没有朋友，也没有人能和她说说话，她的生活了除了寂寞就是孤独。

终于有了一个孩子，她的生活似乎有了重心，但是这时老公出轨了，提出了离婚。她不愿意，不是因为舍不得，而是因为一旦离婚，她在美国无法独立地生活下去，只能灰溜溜地回国。

牛皮已经吹了那么多年，孩子也有了，如果离婚回国，该如何向家人交代？如何向亲朋好友交代？还怎么去面对国内的熟人呢？

于是她决定去打零工，靠洗盘子挣钱。老公不回家，一个人带孩子着实辛苦，但是为了面子，她死活都不愿意回国。日子过得开不开心，只有她自己一个人知道。

有些人对面子的追求已经达到了无法理喻的程度，为了面子可以什么都不管。小到请客吃饭，大到婚嫁丧葬，任何事情他们都会去攀比一番，他们说这是为了面子。

如果说，为了面子，在力所能及的前提下买一点奢侈品，在一些无关紧要的小事上吹点小牛，似乎也是可以理解的。但在人生大事上，为了所谓的面子委屈自己，葬送自己的幸福，这种面子到底能给我们带来什么好处呢？

为了面子，买自己承担不起的奢侈品；为了面子，喝酒喝到进医院；为了面子，干涉子女幸福，让他们娶自己不喜欢的人，嫁自己不喜欢的人；为了面子，不愿意离婚，耽误自己的幸福，让子女受到家庭的消极影响；为了面子，有机会也不愿意尝试，让机会白白溜走；为了面子，一错再错，不愿低头，酿成大祸……“死要面子活受罪”是很多人生活的真实写照。

很多人爱面子是因为太在意别人对自己的看法。他们怕别人瞧不起自己，怕别人在背后的议论与指指点点；他们希望得到别人的关注和肯定，希望被别人羡慕。

其实，自己过得好不好，只有自己知道。有多大的能力，就去做多大的事，打肿脸充胖子，最后痛苦的是自己。过好自己的生活，面子自然就有了。

家庭和睦、生活开心比一切都重要。背着面子的大包袱，天天担惊受怕，生活就会被套上枷锁，为了圆一个谎去撒另外一个谎，无穷无尽，最终只会越陷越深。

自己的日子得自己过，自己的幸福由自己创造，不用太在意别人的眼光。要学会放下，要想明白自己想要过什么样的生活，自己追求的幸福是什么，不必死撑面子。

过自己的生活，体安，心也安。

自嘲的人多是高情商

嘲弄别人是缺德，嘲弄自己却是美德。
自嘲是拿自身“开涮”，博得一笑。
自嘲既是一剂调整自我心理的良药，
也是一种重要的交流技巧。

“躲进小楼成一统，管他冬夏与春秋。”鲁迅的这句自嘲，诙谐见于形，严肃寓于中，虽是描写自己尴尬艰难的处境，但也能让人看出其战斗的决心。

自嘲是一种处世态度，是一种表达幽默的方式，也是生活必不可少的润滑剂。不冒犯别人的自嘲或者是一种出于自信的表达，或者是为了幽自己一默，又或者只是为了安全地讲个笑话。自嘲是一种乐观、豁达、幽默、智慧的表现。

幽默一直被认为是聪明人的语言艺术，而自嘲又被认为是幽默的最高境界。

01 ／ 爱自嘲的人往往充满自信

有些人认为自嘲是一种通过贬低自己来取悦他人的行为，他们认为这种行为是低自尊的表现。

恰恰相反，爱自嘲的人往往充满自信，他们敢于展现自己不够完美的那部分，这说明他们对自己的认识很透彻，并且幽默乐观，不受限于自己的缺陷。

当年孔子抱负不展，离开鲁国，带着弟子周游列国，多次遇到生命危险。到郑国后，孔子与弟子走散了，于是他就站在郑国东门等他的弟子。

他的弟子子贡向人打听他的老师，一个郑国人对子贡说："东门有个人，他的额头像尧，脖子像皋陶，肩膀像子产，但腰部以下却比禹短三寸。真像一条丧家之犬。"

子贡后来找到孔子，把那个郑国人的话告诉孔子。孔子听了哈哈大笑，说："外貌形容得准倒还是其次，但是说我像丧家之犬，的确是这样啊！的确是这样啊！"（《史记·孔子世家》）

孔子觉得那个郑国人形容得真是精辟，自己也忍不住哈哈大笑，深以为然。孔子认为"丧家之犬"非但没有丝毫贬义，倒有点寂寞英雄的味道。

面对他人的嘲讽，孔子仍能一笑置之，可见其豁达气度。

02 ／ 爱自嘲的人善于自我保护

在生活中，每个人都会遇到一些让人难堪的场面，如果不能调整情绪，沉着应对，就会陷入尴尬窘迫的境地。多一点自嘲精神，一方面能够减轻自己的心理压力，另一方面还会让原本打算看你笑话的人对你产生新的认识。

众所周知，黄渤在电影演员中不属于外貌出众的类型，在各种场合中，同行或者好友经常拿他的相貌开开玩笑。但是，黄渤总能妙语连珠，完美应对。他在接受采访时曾说："自嘲是一个很重要的本领，自嘲是自信的升华版，帮我解决了不少问题。"

03 ／ 爱自嘲的人更容易从生活中获得快乐

嘲弄别人是缺德，嘲弄自己却是美德。自嘲是拿自身"开涮"，博得一笑。自嘲既是一剂调整自我心理的良药，也是一种重要的交流技巧。遇到窘境时，多些风趣生动的自嘲，就能及时调整好心态。

传说古代有个姓石的秀才，一次骑驴行路，不慎摔倒在地。这位秀才不慌不忙地站起来说："亏得我是石秀才，要是瓦秀才，还不摔成碎片？"一句妙语，逗得旁边的人哈哈大笑，这位秀才也在笑声中免去了难堪。

面对一些已经发生又不能改变的事情，我们大可不必太在意，多一点自嘲精神，反倒轻松自在些。

罗曼·罗兰在《米开朗基罗传》中说过："世上只有一种真正的英雄主义，那就是认清生活的真相后依然热爱生活。"

自嘲，就是生活中的英雄主义。自嘲，就是认清了自己身上的缺点，同时也可以原谅他人。

看透但依然热爱生活

真正有智慧的人，能看透但不说透，
看透是本事，不说透是修养。
这世界上没有那么多笨人，
你的聪明也未必是真的聪明。

俗话说："一句话说得让人跳，一句话说得让人笑。"可见语言的魅力之大。

与人沟通时，我们要讲究说话的艺术：避免打着"为你好"的名义说伤人的话；别人自嘲的时候千万不要附和；开玩笑要掌握分寸。说话的艺术体现在方方面面。

01／什么是看透

沟通技巧有很多，例如：要多赞美别人的行为而非整个人；说客气话时要多表达恭敬和感激之情；如果批评别人，千万不要通过第三者传达给对方，以免他人添油加醋……这些沟通技巧又有多少人能真正领悟？

沟通如果只是为了分出是非，那结果多半是伤感情的；但如果沟通了半天没有得出是非，那就没有任何效果。

真正的看透是什么？该你说话的时候一句都不能少，不该说的时候，一句都不能多。

能管好自己的嘴的人，运气往往不会太差。

02 ／ 很多人都具备看透的本领

真正有智慧的人，能看透但不说透。看透是本事，不说透是修养。这世界上没有那么多笨人，你的聪明也未必是真的聪明。

“石油大王”洛克菲勒曾说：“假如人际沟通能力是像糖或咖啡一样的商品，我愿意付出比任何东西都贵的价格来购买这种能力。”由此可见沟通能力的重要性。

一个人能够与他人准确、及时地沟通，才能与他人建立起牢固、长久的关系，进而让这种关系助力于自己的事业，最终取得成功。

03 ／有智慧的人只看透，却不轻易说透

我们用两年的时间学会说话，却要用一生来学会闭嘴。很多时候，我们说得越多，彼此的距离却越远，矛盾也越多。

在工作中，谁比较大方，谁相对小气，谁多做了一些工作，谁经常偷懒，谁认真负责，谁整天混日子，这些事情每个人心里都有杆秤。付出越多，收获越多，付出和回报最终是成正比的，即便回报或许会晚一点到来。

看透但不说透，看透一切但依然热爱生活，这才是最深厚的修养，工作、感情和生活都是如此。

有人讲过这样一个故事。南方的孩子们没见过雪，所以不知道雪是什么样的。老师说雪是纯白的，孩子们就把雪想象成盐的样子；老师说雪是冷的，孩子们就将雪想象成了冰淇淋的样子；老师说雪是细细的，孩子们就将雪想象成沙的样子。最后，孩子们在考试的时候，这样描述雪：雪是纯白色，又冷又咸的沙。

如果人与人之间沟通不顺畅，他们就不能将自己真实的想法传达给对方，就会引起像上面故事中那样的误会或者笑话。

平和的情绪和诚恳的语气永远都是良好沟通的两大法宝。

懂或不懂，都不乱说；心乱心静，都慢慢说；若真没话，那就别说。如果每个人都有这样的沟通意识，那就会少很多误会，少很多针锋相对。

我愿你既有火眼金睛的本事，也有润物细无声的修养。

你真的懂得如何坚持吗

一个人，不管做多么困难的事情，
只要有持之以恒的精神，那么无论他的能力高低，
只要努力到一定程度，他就能获得成功。

古人云："滴水穿石，非力使然，恒也。"滴水之所以能穿石，是因为它在漫长的时间里从未停歇，始终坚持不懈。

坚持是世界上最困难的事情之一，而我们并非生来就能够做到意志坚定。要想做一个强大的人，首先要从小事开始。有了信念就有了力量，尽管去做，事情往往会如你所愿。

一个人，不管做多么困难的事情，只要有持之以恒的精神，那么无论他的能力高低，只要努力到一定程度，他就能获得成功。

你真的懂得如何坚持吗？成功的道路并不拥挤，因为坚

持的人并不多。坚持下去，从一件小事开始，你最终会成为自己想要成为的那个人！

成功贵在坚持，我们要跳出自己的舒适区，在坚持中不断提高能力。关键是要让自己行动起来，在固定的时间做固定的事情，养成良好的习惯，这样才能在有限的人生旅途中看到更多美丽的风景。

01 ／ 跳出自己的舒适区

爱迪生说过："天才是 1% 的灵感加上 99% 的汗水。"你付出的任何努力都是在尝试跳出自己的舒适区。跳出舒适区，你才可能获得成长。

其实，舒适区本身并没有问题，它就像家一样温暖舒服，每个人都有。但如果家的吸引力太强，让你放弃了去外面看看的梦想，那就太可惜了。

绝大部分人刚进入一个陌生的领域时都会有一个适应期，就像以前不爱锻炼的人刚开始健身，肯定会感到肌肉酸痛，很不舒服。人都是有畏难情绪的，意志力稍微分个神，三分钟热度很快会退去，后续的坚持也就无从谈起。

很多人在成长的道路上早已经习惯了磨磨蹭蹭，突然一下子迈的步子太大，难免不习惯，甚至半途而废。

坚持的首要意义是让你迈出第一步，跳出舒适区，积累成就感，让你顺利起跑。

所以，有时候，我们要逼自己一把。不逼自己一把，你永远不知道自己可以跑得多快多远。改变自己的认知，拓宽眼界，多了解一些这个世界，多阅读一些有思想、有价值的书籍和文章，才能站在更高的高度上看待生活。

刚开始改变的时候最好先列一个比较容易完成的小任务，并定一个短周期，这个周期完成后，已经形成了一定的习惯和节奏，再提高任务的难度再来一个周期，反复如此。

02 ／ 关键是让自己行动起来

只有弄清楚自己真正热爱的是什么，才有动力更好地生活。给自己定一个目标吧，关键是让自己行动起来。

无论目标是什么，尽量把它定得高一些，如果一个目标不费吹灰之力就实现了，就不会有什么成就感。这个目标要对你有一定的激励作用，让你在很长的一段时间内兴致盎然，乐此不疲。

梦想和现实之间的距离有多远取决于你的行动力，有许多人倒在了这条路上，就是因为安逸的生活太美好了，说服自己行动太难了。

你不是因为很厉害才能开始，而是因为开始了才能变得很厉害。你不可能一开始就像“大牛”一样厉害，刚开始时也不可能用和“大牛”一样的标准要求自己，对于从 0 到 1 的你，为了不倒在起跑线上，应该从持续做一件小事开始，慢慢地加量，而不是一下子用力过猛，伤筋动骨。

每个人的生活都不尽相同，想要怎么活是自己的事情，但要想活得令自己满意，就要多折腾一下自己。在年轻的时候，要多去做一些自己热爱的事情，让自己行动起来。

有一天，你会发现你的行动力越来越强，生命的容量也越来越大。

03 ／ 在固定的时间做固定的事情

人如果想要改变自己，靠习惯比靠意志消耗的精力更少，而且更加持久。落实到行动上就是，每天在固定的时间做固定的事情。坚持的第三个意义，就是可以让自己渐渐培养出在固定时间做固定事情的节奏感。

在固定的时间做固定的事情，不被别的事情打扰，这样就能把杂乱无章的生活变得井然有序，你的效率就会提高。

每天坚持做一件有意义的小事，做什么都可以，目的是每天给自己一点思考和成长的时间，哪怕仅仅十分钟。

通过每天坚持做一件小事来培养坚持到底的习惯，之后将这个习惯扩展到生活的方方面面，你必将受益一生。通过坚持，先形成新的时间锚点，有了这些时间锚点，你才能在不同的环境里慢慢形成工作和学习的时间节奏感。

有了时间节奏感的人，才能有力地掌控自己的时间，形成坚持到底的习惯。要养成这样的习惯，第一步是要说到做到，坚定不移。

例如，你计划每天要记 10 个英语单词，就要一天不落地去记；你认识到写字潦草的毛病，就要在写字时注意，确保字字工整；你意识到了不良习惯的危害，就要自觉地去克服；你制订了学习计划，就按时按量地完成；你下定决心想要提高自己的成绩，就要千方百计地挖掘自己的潜能。

如果你还没有确定奋斗方向，你可以找一件事情来做，每天读 10 分钟英语也好，写 300 字的日记也好，关键是持续去做，先不要功利地去想它能给你带来什么好处，习惯的培养无法一蹴而就，而是一件细水长流的事情。

看到了希望谁都会坚持下去，但更可贵的是因为坚持而最终看到更多的希望。好习惯不是一朝一夕就能养成的，坚持下去，你就会遇见更好的自己。

把普通的事做得不普通

生命就像空中白色的羽毛，
或迎风搏击，
或随风飘荡，
或翱翔蓝天，
或堕入深渊。

曾经，有很多人被《阿甘正传》里的这句台词感动："人生就像一盒巧克力，你永远不知道下一颗是什么味道。"我很喜欢这句台词，我们要相信自己正在做的事，不管人们是否喜欢。

阿甘的精神在人心浮躁的今天，尤为可贵。

他的智商只有 75，进小学都困难，但是，他几乎做什么都能成功——长跑、打乒乓球、捕虾，甚至爱情。最后，他成为了一名成功的企业家，而比他聪明的同学、战友却活得并不好。这是对聪明的一种嘲弄。

阿甘常说的一句话是："我妈妈说，要将上天给你的恩赐发挥到极限。"这部电影表达了美国人的一种成功理念，成功就是将个人的潜能发挥到极限。

01 ／ 制定了目标就要马上去做

在阿甘生命的每一个阶段，都有一个目标在指引着他，他为了这个目标不懈地努力奋斗，直到完成这一目标。

阿甘在跑步时，抛开所有杂念，把自己全部的智慧、信念、力量、勇气集中在这件事上，他什么都不顾，只知道不停地奔跑，奔跑。他不仅从战场上活着回来，还救回了战友，后来还跑遍了全美国。后来，无论是打乒乓球还是捕虾，他都实现了自己的目标。

一定要为自己制定一个目标，无论这个目标是长期的还是短期的。只要有目标，你就会朝着这个目标努力，换句话说就有了奔头，有了规划。

为什么译者会将电影主人公名字译为"阿甘"呢？我觉得苦尽甘来是对这个名字最好的解释。

02 ／ 用心的人更善于发现机会

《阿甘正传》电影开始那段羽毛飘落的场景让人印象深刻，羽毛与街道上的人擦肩而过，但没有人注意到这片羽毛，而阿甘却把落到脚边的羽毛仔细地夹到了书里。

这也是一条哲理：轻如鸿毛的机遇，大多数人都会忽略它，与之擦肩而过；而用心的人则会捕捉到它，发现机会和把握机会同样重要！

阿甘为了实现目标每次都竭尽全力。从战场回到医院疗伤的阿甘打起了乒乓球，日日打，全心打，除了吃饭睡觉，其他时间他都在练习乒乓球（睡觉时手里都握着球拍）。最终他打出了骄人的成绩，最终受到了美国总统的接见。

阿甘的成功，从某种意义上说，得益于他的轻度智力障碍、不计较输赢得失。他唯一做到的就是坚持，认真地做，傻傻地执行。很多时候，企业里缺的不是“聪明人”，而是这样的“不聪明的人”。

不少“聪明人”因为太聪明，每做一件事都考虑自己的收益和损失，也就缺乏为了实现某个目标坚持不懈、认真做事的精神。

03 ／坚持到底，执着地追求成功

很多事情，前期是十分耕耘，一分收获，后期才是一分耕耘，十分收获。阿甘并不是真的愚者，真正的愚者是嘲笑他的人。他成功的方法只有一个，那就是不计成本的努力。他成功的秘诀就在于他的单纯或者说执着。

“聪明人”往往忘记了高贵的头颅也是由双脚来带动的，他们太自负，太依赖于自己的思想，因此忽略了其他因素，例如行动和他人的感受。

“聪明人”能够发现很多机会，可是往往定力不够，最后往往会栽倒在某个美丽的陷阱中。他们容易自负、浮躁、急于求成，在变来变去的过程中，很快就迷失了方向。

在浮躁的社会中，人心复杂多变。静下心来，看看《阿甘正传》，想想阿甘情神，或许会有一些新的收获。生命就像空中白色的羽毛，或迎风搏击，或随风飘荡，或翱翔蓝天，或堕入深渊……就看你选择怎么活！

“阿甘精神”的实质就是做一个有个性的人，把普通的事做得不普通！

原来这才是
成功者与失败者的区别

成 功 与 失 败 者 之 间 的 区 别 ，
有 时 候 可 能 就 是 那 么 一 点 坚 持 和 忍 耐 。

成功是一条路，但是这条路并不是那么容易就能走完的。

在这个竞争激烈的社会中，要想出类拔萃，有所成就，就必须忍住一时之气，将其转化为前进的动力。

蚕，忍不住在蛹里漫长的等待，就变不成蝴蝶；鹰，不顺着自然的风向，就不能翱翔在天空中。耐得住寂寞，才能守得住繁华。

不要急功近利，不要奢望往前走几步就能到达终点，也不要因为暂时落后于别人而灰心，停滞不前。

成功者与失败者之间的区别，有时候可能就是那么一点坚持和忍耐。

01 ／ 忍耐是一种智慧

走在通往成功的这条路上，你要明白人生不如意之事十之八九，你可能会遇到疾病缠身，事业不顺，不被他人理解等障碍。

锐意向前，是人人都会用的利器，但有时候时机不成熟，它也会成为一把“双刃剑”，伤到自己。而等待和忍耐，如果你能掌握其中秘技，它们也许会成为你人生旅途中的独门暗器，在危难时刻帮你克敌制胜。

忍耐是一种智慧，是能屈能伸的宽容和冷静；是耐得住寂寞、抵得住繁华的淡泊释然；是直面挫折、永不言败的坚韧不拔；是不畏艰险、奋勇向前的果敢。

永远没有一个人是你离不开的，现在离不开的不代表永远离不开。没有什么是你放弃不了的，你不愿放弃的可能会先放弃你。

你的人生轨迹不一定是按照你喜欢的方式运行的。有些事你不喜欢，但不得不做；有些人你不喜欢，但不得不相处。遇到那些自己不喜欢却又无力改变的事时，我们唯一能做的，就是忍耐。

遇到不如意的人和事，不必非得以对抗的姿态来证明自己不是软弱可欺的人。有时候，我们要做到忍耐，不急不躁，沉下心来寻找解决办法。

忍耐是一种智慧。一个缺乏耐性的人，永远都不可能成为强者！

02 ／ 忍耐并不是软弱

忍耐并非退缩，而是一种用平常心对待世间不平的心态。忍耐并非软弱，相反，它是一种力量，是一种智慧，更是一种艺术。

所谓门槛，过去是门，过不去是槛。生命的历程中，总是会遭遇很多门槛。门槛太高怎么办？有三个办法：一是找个凳子；二是绕个弯子；三是掉头换个低的。最简单的办法往往也是最具智慧的办法。

面对虚伪的人，不是拆穿他，而是让他继续虚伪下去，然后慢慢地，很多人就会看到他有多虚伪。

一味地忍气吞声、姑息纵容，并非忍耐之道。真正的忍耐也需要你当仁不让，顾全大局。

做事的时候，把自己当回事；做人的时候，别太把自己当回事。这样，朋友才会多些，幸福的感觉也会多些。

在成功路上，要禁得住寂寞，禁得住失败，禁得住别人泼的冷水，禁得住他人的批评、误解与指责，这样你才能走到终点。

03 ／忍耐就是成功之路

只有学会用理智克制情感，在需要的时候忍耐，才能办成大事。

一个人生活虽然很难，但也必须学会一个人生活，不要轻易依赖他人。这是为了让你在身边的人都离开的时候，你还可以好好地活下去。

不要因眼前小利而放弃长远目标，不要因困难重重而自我否定，也不要因屡遭挫折和委屈而牢骚满腹。

有一位作家曾这样写道："富者能忍保家，贫者能忍免辱，父子能忍慈孝，兄弟能忍意笃，朋友能忍情长，夫妇能忍和睦。"

忍过漫长的黑夜，天就亮了；耐过寒冷的冬天，春天就到了。练就一身忍耐，再艰难的岁月，终究会变成浮云。

人生如旅行，有些人总是前行，走的路虽长，可并不一定看到了多少美丽的风景。有些人也许去过的地方不多，但能停下来歇歇、看看，欣赏到的人生风景一点也不少。

有时候，生活就是一种妥协，一种忍让，一种迁就。并非所有的事情都需要你针锋相对，铿锵有力。

很多人都在寻找成功的秘诀，但也许成功的秘诀只有一句话，那就是：忍住一时之气，坚持到底。

记住，“忍”不是心头一把刀，而是刀下有颗心！